MINE EMERGENCY RESCUE PLATFORM
INTERNET + EMERGENCY RESCUE

矿山应急救援平台

互联网+应急救援

李文峰　　唐善成◎著
Li Wenfeng　　Tang Shancheng

清华大学出版社

北京

内 容 简 介

本书以作者将电子信息技术应用在矿山安全领域十余年来的理论和实践经验为基础,循序渐进、由浅入深地论述矿山应急救援平台的开发建设技术。

本书共分五章,第 1 章简要介绍我国矿山应急救援体系,综述矿山应急救援平台的相关背景知识,如平台建设的意义、国内外平台建设的现状、平台的设计依据、平台的特点及发展趋势等。第 2 章总体讲述矿山应急救援平台建设的主要内容、功能、体系结构和软件构架。第 3 章详细说明传统意义上的矿山应急救援平台技术方案,包括应急救援指挥系统、综合保障系统、救援队伍管理系统、应急预案与案例管理系统、救援装备与物资管理系统、培训与考试系统、训练与考核系统、文档资料管理系统和办公自动化系统等。第 4 章研究将移动通信、互联网、物联网、云计算、大数据、数据挖掘、人工智能、虚拟现实等先进技术应用于应急救援,在共享虚拟服务器的基础上,给每一个管理部门、每一个救援队、每一个救援队员分配唯一的登录名、登录密码和权限,并在服务器上运行应急救援业务系统和应急救援资源数据库。业务系统涵盖救援队办公、值班、接警、出警、学习、训练、考核、考试、救援等范围;数据库涵盖队伍、人员、物资、装备、服务企业、文档资料、网站等内容。第 5 章尝试将各煤矿调度中心服务器、救援队指挥中心服务器等虚拟化,使其 CPU、内存、硬盘等物理资源抽象成可以动态管理逻辑的资源池,力图建设由若干服务器主机集群组成的矿山应急救援私有云,运用数据挖掘技术从海量的危险源信息中迅速挖掘危险源信息,真正实现事故灾害的预警预报。

图书在版编目(CIP)数据

矿山应急救援平台:互联网＋应急救援/李文峰,唐善成著. —北京:清华大学出版社,2016
ISBN 978-7-302-45124-2

Ⅰ.①矿… Ⅱ.①李…②唐… Ⅲ.①互联网络－应用－矿山救护 Ⅳ.①TD77-39

中国版本图书馆 CIP 数据核字(2016)第 231634 号

责任编辑:盛东亮
封面设计:李召霞
责任校对:李建庄
责任印制:刘海龙

出版发行:清华大学出版社
　　　　网　　　址:http://www.tup.com.cn,http://www.wqbook.com
　　　　地　　　址:北京清华大学学研大厦 A 座　　　　邮　　编:100084
　　　　社 总 机:010-62770175　　　　　　　　　　邮　　购:010-62786544
　　　　投稿与读者服务:010-62776969,c-service@tup.tsinghua.edu.cn
　　　　质量反馈:010-62772015,zhiliang@tup.tsinghua.edu.cn
　　　　课件下载:http://www.tup.com.cn,010-62795954
印 刷 者:北京富博印刷有限公司
装 订 者:北京市密云县京文制本装订厂
经　　销:全国新华书店
开　　本:185mm×260mm　　印　张:8　　　　　　字　　数:193 千字
版　　次:2016 年 12 月第 1 版　　　　　　　　　　印　　次:2016 年 12 月第 1 次印刷
印　　数:1~2000
定　　价:39.00 元

产品编号:068608-01

矿山救援队是一类处理矿山灾害事故的专业队伍,具有职业性、技术性的特点,并且实行军事化管理。截至 2014 年底,全国共有 578 支专职救援队伍、32731 名救援指战员。

进入 21 世纪以来,我国矿山安全事故与自然灾害频发。矿山救援队作为处理矿山灾害事故的专业应急救援队伍,表现出了顽强的战斗力,充分发扬了不怕牺牲、甘于奉献的大无畏精神,英勇地与灾害斗争,向党和国家以及广大人民群众交上了一份满意的答卷。在 2008 年四川抗震救灾中,国家安全生产监督管理总局共调动 44 支应急救援队伍、1057 名救援队员参与救灾。救援队共搜救了 4 个市、6 个县、23 个乡镇、279 家企业,排除险情 2407 处,抢救遇险人员 1113 人,搜救遇难人员 567 人,转移疏导被困人员 14860 人。虽然矿山救援队员仅占总救灾人数的 0.6%,但抢救的遇险人员却占总人数的 17%。由此可见应急救援队的专业性和必要性。

在我国经济的新常态下,矿山应急管理工作和救援队伍建设面临着新的挑战和要求。一是,安全生产的压力依然很大。虽然近年来矿山安全生产形势逐年好转,但我国经济总量很大,矿山企业的数量仍然很多,灾害威胁严重。因此,矿山安全生产的基本面并没有发生根本改变,形势依然严峻。二是,全社会对矿山应急救援的要求越来越高。矿山安全和应急救援工作一直是媒体和社会关注的重点。随着科学发展观的全面贯彻落实,以人为本、安全发展的理念越来越深入人心,社会各界和人民群众对矿山安全生产事故的关注度和救援期望值也越来越高,对矿山应急救援工作的要求进一步提高。三是,目前经济下行压力较大,煤炭和矿产资源市场不景气,矿山企业救援队经费锐减,进而导致应急救援投入减少、人员待遇下降、人才流失增多,救援队伍建设遭遇瓶颈。

2015 年 8 月 31 日国务院发布了关于印发《促进大数据发展行动纲要》的通知(国发〔2015〕50 号),要求 2018 年底前建成国家政府数据统一开放平台,率先在信用、交通、医疗、卫生、就业、社保、地理、文化、教育、科技、资源、农业、环境、安监等重要领域实现公共数据资源合理适度地向社会开放。安监总规划〔2015〕6 号文关于关于印发《国家安全生产监管信息平台总体建设方案》的通知要求安全生产行业监管、煤矿监察、综合监管、公共服务、应急救援五大业务系统的安全生产信息要互联互通、信息共享。国内现有的与矿山应急救援相关的系统存在着诸如相互独立、共享困难、订制开发、重复投资、维护成本高等不足,无法从战略高度利用大数据进行决策服务。近几年,随着无线、宽带、安全、融合、泛在的互联网技术的飞速发展,建设一个信息共享、互联互通、统一指挥、协调应急的矿山应急救援平台成为可能。

本书以作者将电子信息技术应用在矿山安全领域十余年来的理论和实践经验为基础,论述矿山应急救援平台开发建设技术。面向"互联网+"的应用,将移动通信、互联网、物联网、云计算、大数据、数据挖掘、人工智能、虚拟现实等先进技术应用于矿山应急救援领域,形成一个统一架构、统一术语、统一通信联络、统一调度指挥、统一资源管理的体系,构建一个

前言

高效运转、上下联动、互为支撑的救援整体,为有效预防事故、提高事故救援的效率和反应速度、最大限度地降低事故损失提供一种新的技术和手段。

本书第 2.4、3.3、3.4、3.5、3.6、3.7、3.8 和 3.9 节由唐善成老师撰写,其余章节由李文峰老师撰写。

本书的出版得到了国家科技支撑计划(2013BAK06B03)和陕西省科技统筹创新工程计划(2015KTCQ03-10)的支持,在此表示感谢。

最后衷心感谢清华大学出版社盛东亮老师对作者的鼓励和支持,感谢出版社编辑对原稿的认真编辑。

限于作者水平,书中不免存在不妥之处,为了本书能更好地向矿山应急救援工作者和研究者提供参考和帮助,希望广大读者不吝提出意见和建议。作者联系方式为 liwenfeng@xust.edu.cn 或 liwenfneg@zhongnanxinxi.com。

作者

2016 年 6 月

于古城西安

目录

目录

1.1 我国矿山应急救援体系

应急是一种要求立即采取行动(超出了一般工作程序范围)的状态,以避免事故的发生或减轻事故的后果为目标。应急可以定义为启动应急响应计划的任何状态。

应急救援是指针对突发、具有破坏力的紧急事件采取预防、预备、响应和恢复的活动与计划。主要工作目标是对紧急事件作出预警;控制紧急事件的发生与扩大;开展有效救援,减少损失和迅速组织恢复正常状态。

预案是指为进行危机管理提前制定的操作计划。

1.1.1 我国突发公共事件应急组织、保障体系

2003年7月,胡锦涛总书记和温家宝总理提出加快突发公共事件应急机制建设的任务,并在国务院办公厅设立了国务院应急管理办公室。同时,要求各省、市也成立突发公共事件应急委员会,主任由省(市)长担任。针对我国管理体制,我国突发公共事件组织体系自上而下有国务院安全生产委员会、国家安全生产监督管理总局、国家救援指挥中心、专业应急救援指挥中心以及专业应急体系等,如图1.1所示。

从整个国家的角度来看,突发公共事件应急保障体系包括安全生产应急平台、应急联动中心、救援救护队伍、医疗消防队伍、救援装备和救灾物资,如图1.2所示,其中矿山应急救援平台是国家安全生产应急平台的重要组成部分。

从对突发事件响应的角度来讲,应急救援工作分为事前、事中、事后三个主要阶段。事前阶段的工作更多体现在预防和预警、资源准备等方面;事中阶段的工作主要体现在备用资源的启用、应急措施的启用和故障排除等方面;事后阶段的工作主要体现在总结、改进、完善和奖惩方面,也包括一些资源配置和建设项目等工作。图1.3为应急救援工作阶段划分图。

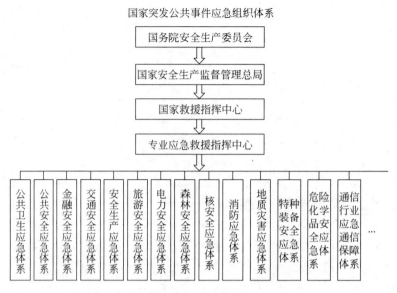

图 1.1 国家突发公共事件应急组织体系

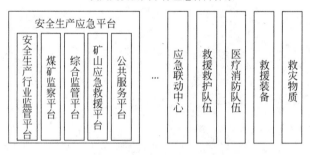

图 1.2 我国突发公共事件应急保障体系

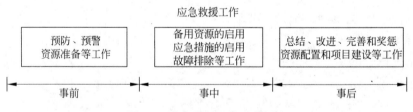

图 1.3 应急救援工作阶段划分

1.1.2 我国矿山应急救援体系

我国矿山企业分布广泛,数量众多。截至 2014 年底,全国共有煤矿 10321 处、非煤矿山 63433 座。

我国是煤炭生产大国,煤炭在能源结构中起着举足轻重的作用。截至 2014 年底,全国煤炭产量 38.7 亿吨,接近世界煤炭总产量的一半,百万吨死亡率从 2010 年的 0.749 降到

2014 年的 0.250。

矿山救援队是处理矿山灾害事故的专业队伍,具有职业性和技术性的特点,并实行军事化管理,如图 1.4 所示。

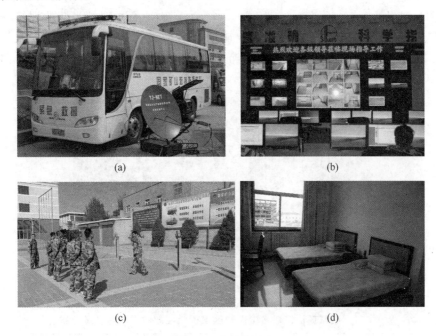

(a) (b) (c) (d)

图 1.4 矿山救援队

(a) 区域矿山应急救援铜川队应急通信车;(b)四川达州普光救援队指挥大厅;(c)国家矿山应急救援平顶山队队员在训练;(d)陕西榆林神南救援队标准化队员宿舍

2006 年,国务院办公厅印发了《"十一五"期间国家突发公共事件应急体系建设规划》(国办发〔2006〕106 号),启动了国家应急救援体系建设。

2010 年,《国务院关于进一步加强企业安全生产工作的通知》(国办发〔2010〕23 号)明确要求建设国家和区域矿山应急救援队。

2011 年,《国务院办公厅关于印发安全生产"十二五"规划的通知》(国办发〔2011〕47 号)明确要求完善应急救援体系,提高事故救援和应急处置能力。

针对矿山救援状况,我国已基本形成由各级安全监管监察部门、矿山应急救援指挥机构统一指挥,国家队、区域队为支撑,省级骨干矿山应急救援队伍和各矿山企业救援队为主要力量,兼职矿山救援队为补充力量的矿山应急救援体系。

国务院安全生产委员会主要职能是统一和加强对全国安全生产工作的领导和协调。国家安全生产监督管理总局行使国家煤矿安全监察职权。

国家矿山救援指挥中心承担组织、指导、协调全国矿山救护及其应急救援工作。

省级应急救援指挥中心承担组织、协调省内矿山救援体系建设及矿山救护工作;组织、指导矿山救援队伍的建设、技能培训、救灾演练及达标认证工作;组织、协调省内跨地区矿山救援工作等职能。

企业、地方救援队是处理矿山灾害事故的职业性、技术性并实行军事化管理的专业队伍。

2013 年,《国务院安委会关于进一步加强安全生产事故应急处置工作的通知》(安委〔2013〕8 号),从政策和制度层面规范了事故应急处置工作。

截至 2014 年底,全国建有专职救援队伍 578 支,其中煤矿救援队 482 支、非煤矿山救援队 96 支。其中包括 7 支国家队(图 1.5 所示为国家矿山应急救援靖运队的训练场)、14 支区域队(如表 1.1 所示)和 19 支中央企业矿山应急救援队。全国共有专职救援指战员 32731 名。除了专职救援队,全国还建有兼职矿山救援队伍 2854 支,兼职救援指战员 27868 名。

图 1.5　国家矿山应急救援靖远队露天训练场

表 1.1　国家矿山应急救援队和区域矿山应急救援队名称及分布

序　号	级　别	名　称	所在区域
1.	国家矿山应急救援队	国家矿山应急救援开滦队	北京
2.		国家矿山应急救援大同队	山西
3.		国家矿山应急救援鹤岗队	黑龙江
4.		国家矿山应急救援淮南队	安徽
5.		国家矿山应急救援平顶山队	河南
6.		国家矿山应急救援芙蓉队	四川
7.		国家矿山应急救援靖远队	甘肃
8.	区域矿山应急救援队	区域矿山应急救援汾西队	山西
9.		区域矿山应急救援平庄队	内蒙古
10.		区域矿山应急救援沈阳队	辽宁
11.		区域矿山应急救援乐平队	江西
12.		区域矿山应急救援兖州队	山东
13.		区域矿山应急救援郴州队	湖南
14.		区域矿山应急救援华锡队	广西
15.		区域矿山应急救援天府队	重庆
16.		区域矿山应急救援六枝队	贵州
17.		区域矿山应急救援东源队	云南
18.		区域矿山应急救援铜川队	陕西
19.		区域矿山应急救援青海队	青海
20.		区域矿山应急救援新疆队	新疆
21.		区域矿山应急救援兵团队	新疆

目前,全国已基本形成了小事故矿井自救,较大事故矿区互救,重大事故区域救助,特别重大事故国家支持的矿山事故应急处置模式。

下面介绍一下我国事故等级分类、应急响应等级分类以及我国总体应急响应的步骤。

根据安全生产事故造成的人员伤亡或者直接经济损失来划分,事故一般分为以下等级:

(1)特别重大事故,是指造成 30 人以上死亡,或者 100 人以上重伤(包括急性工业中毒,下同),或者 1 亿元以上直接经济损失的事故;

(2)重大事故,是指造成 10 人以上 30 人以下死亡,或者 50 人以上 100 人以下重伤,或者 5000 万元以上 1 亿元以下直接经济损失的事故;

(3)较大事故,是指造成 3 人以上 10 人以下死亡,或者 10 人以上 50 人以下重伤,或者 1000 万元以上 5000 万元以下直接经济损失的事故;

(4)一般事故,是指造成 3 人以下死亡,或者 10 人以下重伤,或者 1000 万元以下直接经济损失的事故。

按照安全生产事故灾难的可控性、严重程度和影响范围来划分,应急响应级别原则上分为Ⅰ、Ⅱ、Ⅲ、Ⅳ级响应:

1. 出现下列情况之一启动Ⅰ级响应

(1)造成特别重大安全生产事故。
(2)需要紧急转移安置 10 万人以上的安全生产事故。
(3)超出省(区、市)人民政府应急处置能力的安全生产事故。
(4)跨省级行政区、跨领域(行业和部门)的安全生产事故灾难。
(5)国务院领导同志认为需要国务院安委会响应的安全生产事故。

2. 出现下列情况之一启动Ⅱ级响应

(1)造成重大安全生产事故。
(2)超出市(地、州)人民政府应急处置能力的安全生产事故。
(3)跨市、地级行政区的安全生产事故。
(4)省(区、市)人民政府认为有必要响应的安全生产事故。

3. 出现下列情况之一启动Ⅲ级响应

(1)造成较大安全生产事故灾难。
(2)超出县级人民政府应急处置能力的安全生产事故灾难。
(3)发生跨县级行政区安全生产事故灾难。
(4)市(地、州)人民政府认为有必要响应的安全生产事故灾难。

4. 发生或者可能发生一般事故时启动Ⅳ级响应

本预案有关数量的表述中,"以上"含本数,"以下"不含本数。

总体应急响应启动步骤如下:

(1)Ⅰ级应急响应:在国务院安委办或国务院有关部门的领导和指导下,市政府组织市安全生产应急救援指挥部或其他有关应急指挥机构组织、指挥、协调、调度全市应急力量和资源,统一实施应急处置,各有关部门和单位密切配合,协同处置。市安全生产应急救援指挥部办公室或市有关主管部门及时向国务院安委办或国务院有关部门报告应急处置进展情况。

(2)Ⅱ级应急响应:由市安全生产应急救援指挥部或其他有关应急指挥机构组织、指挥、协调、调度本市有关应急力量和资源,统一实施应急处置,各有关部门和单位密切配合,协同处置。

(3)Ⅲ级应急响应:由事发地区县政府、市应急联动中心、市安全生产应急救援指挥部办公室或其他有关应急指挥机构组织、指挥、协调、调度有关应急力量和资源实施应急处置,各有关部门和单位密切配合、协同处置。

(4)Ⅳ级应急响应:由事发地区县政府和有关部门组织相关应急力量和资源实施应急处置,超出其应急处置能力时,及时上报请求救援。

1.2 矿山应急救援平台建设的意义

1.2.1 矿山应急救援平台的建设背景

"十五"期间,国家信息化领导小组将国家安全生产信息系统建设项目正式列为"金安"工程,与金财、金关、金税、金宏、金审等金字号工程一起写入了有关文件。

2006年国家发展改革委批复实施"金安"工程一期,投资2.74亿元。

依据《安全生产"十一五"规划》,"金安"工程一期主要目标是实现资源专网建设,在全国部分区域初步建成安全生产信息化体系。"金安"工程一期实现的成果包括:对专网覆盖范围的煤矿重大生产事故隐患纳入安全生产信息系统管理监察达到100%,对煤矿执法文书的数字化处理达到100%,入库率达到100%,对高瓦斯矿井监管覆盖可达98%以上;全国安全生产统计月报上报时间由每月25日提前到15日,安全生产调度快报由每月15日提前到2日,各类伤亡事故的报送准确率达到100%,事故信息完整率达到100%,有关特别重大事故、重大事故信息上报在专网覆盖范围的系统内实现随时报送;明显提高对事故应急响应、救援指挥决策的效率,缩短响应时间;进一步发挥安全生产信息的分析和指导作用,提高安全生产监管和监察的辅助决策水平,提高安全生产政策策略研究、科技规划制定和提出重大安全生产项目研究与技术示范工作的水平;实现对安全生产形势作出综合分析、预测、评估,为国家及地方各级政府的宏观管理和科学决策提供服务。

《安全生产"十二五"规划》在"金安"工程一期基础上,投资17.7亿元继续实施"金安"工程二期,补充和完成其余安全监管与煤矿安全监察机构的网络扩建,对原有监管和监察应用系统与数据库进行扩容升级,逐步建立和完善了国家安全生产监管、煤矿安全监察和安全生产应急救援指挥体制。建成了安全生产监管、煤矿安全监察主要业务信息化的数据库群和应用系统,"金安"工程二期实现的成果包括:可实现对全国的覆盖,并且可供各级安全生产监管、煤矿安全监察机构共用共享,为全国安全生产形势的稳定好转提供有力的信息保障;依托资源专网系统将全国范围的煤矿重大生产事故隐患纳入安全生产信息管理系统;煤矿执法文书实现数字化处理并入库;对高瓦斯矿井基本实现监管;有关特别重大事故、重大事故信息上报在专网覆盖范围的系统内实现随时报送;明显地提高对事故应急响应、救援指挥决策和综合协调的效率,缩短响应时间;形成规范的、能够统领全局的、普遍适用于安全生产监管与监察业务的建设、管理及技术方面的规范和标准,实现安全生产信息化建设的可持续发展。

2006 年以来,国家安全生产监督管理总局先后印发了《国家安全生产应急平台体系建设指导意见》(安监总应急〔2006〕211 号)和《关于进一步加强国家安全生产应急平台体系建设的意见》(安监总应急〔2012〕114 号),编制了《安全生产应急平台信息资源分类与编码标准》等 10 项标准规范,组织建设了国家安全生产应急平台。

相应的《安全生产应急管理"十二五"规划》(安监总应急〔2011〕186 号)涉及应急救援的内容包括:国家(区域)矿山应急救援队建设工程、高危行业中央企业重点救援队伍建设工程、重大应急救援技术与装备研发工程、安全生产应急平台体系建设工程以及应急救援装备产业示范园区建设工程。

《安全生产信息化"十二五"规划》(安监总规划〔2011〕189 号)也提出要进一步完善全国安全生产应急平台的应急管理与救援核心业务系统,实现国家、省(区、市)、市(地)以及国家和区域矿山救援队、重点企业应急平台之间的互联互通。

截至 2013 年底,全国三分之一的省(区、市)已经建成或初步建成安全生产应急平台并投入运行。

2015 年 1 月,安监总规划〔2015〕6 号文关于关于印发《国家安全生产监管信息平台总体建设方案》的通知要求安全生产行业监管、煤矿监察、综合监管、公共服务、应急救援五大业务系统的安全生产信息要互联互通、信息共享。

2015 年 8 月 31 日国务院发布了关于印发《促进大数据发展行动纲要》的通知(国发〔2015〕50 号),要求 2018 年底前建成国家政府数据统一开放平台,率先在信用、交通、医疗、卫生、就业、社保、地理、文化、教育、科技、资源、农业、环境、安监等重要领域实现公共数据资源合理适度向社会开放。

综上所述,矿山应急救援平台是国家安全生产应急平台的重要组成部分。国家、区域矿山救援队是安全生产平台体系的终端节点,目前主要实现了以下功能:在平时,国家、区域矿山应急救援队进行应急信息的管理,及时向国家安全生产应急指挥中心上报有关信息。在事故发生后,一方面,国家安全生产应急指挥中心和现场救援指挥部可通过应急平台终端实现与国家安全生产应急平台数据的同步;另一方面,应急平台终端通过井下通信系统以及卫星通信系统,及时将井下(地面)现场信息实时传输到地面指挥中心,供领导和专家参考并指导井下现场救援。

1.2.2 矿山应急救援平台的建设意义

进入二十一世纪以来,人们可以很明显地感受到突发公共事件的显著增加。如何提高事故救援和应急处置能力,成为一段时期以来社会和百姓关注的焦点。

矿山救援队作为处理矿山灾害事故的专业应急救援队伍,表现出了顽强的战斗力,充分发扬了不怕牺牲、甘于奉献的大无畏精神,英勇地与灾害做斗争,向党和国家以及广大人民群众交上了一份满意的答卷图 1.6 展示了矿山救援队在应急救援现场的真实状况。

在 2008 年四川抗震救灾中,国家安全生产监督管理总局共调动 44 支应急救援队伍、

图 1.6　矿山救援队在应急救援行动中

（a）救护队员在抢险；（b）救援队整装待发；（c）救护队员在地震救灾中；（d）救护队员休憩中；（e）救援队在行动

1057 名救援队员参与救灾。救援队共搜救了灾区的 4 个市、6 个县、23 个乡镇、279 家企业，排除险情 2407 处，抢救遇险人员 1113 人，搜救遇难人员 567 人，转移疏导被困人员 14860 人。虽然矿山救援队员仅占总救灾人数的 0.6%，但抢救的遇险人员却占总人数的 17%。由此可见应急救队的专业性。

　　据统计，2006—2014 年，全国矿山救援队共参与事故救援 28631 起，抢救遇险被困人员 61400 多人，其中经救援队直接抢救生还 11755 人；2015 年 1—9 月，全国矿山救援队共处理各类矿山事故 875 起，其中火灾事故 138 起、瓦斯爆炸事故 4 起、煤与瓦斯突出事故 10 起、顶板事故 51 起、水灾事故 14 起、机电运输事故 42 起、其他事故 616 起，抢救遇难遇险矿工 1006 人，经救援队直接抢救生还 168 人。由上面的统计数据可以看出，矿山救援队为保护国家和人民的生命财产、促进全国安全生产形势稳定好转做出了积极贡献。

　　实践充分证明：应急救援管理的信息化机制在减少和控制事故人员伤亡和财产损失方面发挥了重要作用。

　　随着经济社会不断发展和科学技术的不断进步，企业对安全生产的重视程度日益提高，对矿山企业的应急救援体系建设提出了更高的要求。

　　（1）要求建立高效运转的应急救援体系和上下联动的应急管理机制。应急救援平台要统一术语、统一通信联络、统一调度指挥、统一资源管理，实现彼此间的无缝对接，形成上下贯通、左右衔接、互联互通、统一高效、互有侧重且互为支撑的救援整体。

　　（2）要求提高应急救援的响应速度，提高在纷繁复杂的紧急事故中的救援质量和救援效率。应急救援平台要整合救援软、硬件资源，信号采集纵向到井下事故现场，横向到所有以太网络覆盖的区域,要提高救援装备的应用水平,发挥出先进技术装备的最大效能,内嵌的救援专家系统自动生成救援行动方案,最大限度地降低事故损失。

(3) 要求摸清救援人员、物资、装备家底,经济、合理、科学地配置各方应急救援资源。《矿山救援队质量标准化考核规范》(AQ 1009—2007)、《国家级矿山救援基地建设条件》(Q/T 1009—2008)等明确要求建立规划区域内矿山应急救援基础信息数据库,并及时对各数据库进行补充和更新。这也从管理者的角度提出了建设应急救援平台的需求。

(4) 要求救援队伍一专多能(比如兼职消防、危险化学品救援、地质灾害救援等),强化素质,优化功能。应急救援平台涵盖救援队的战备值班、接警、紧急救援、训练、考核、考试、学习、网络办公等日常工作。要提高救援队管理水平,增强救援队应对事故灾害的能力。

(5) 灾害发生时要求安监部门、煤矿企业、救援大队和各个中队之间信息共享,精诚合作。应急救援平台通过建立一个B/S(Browser/Server,浏览器/服务器)架构的数据库,以SDH(Synchronous Digital Hierarchy,同步数字系统)光传输主干网络为多业务平台,实现国家局、省局、企业、救援大队、救援中队、事故现场之间计算机、通信、视频业务的一体化传输,实现各应急单元间制度化的通力协作和携手应急。

在我国经济的新常态下,矿山应急管理工作、队伍建设面临着新的挑战和要求:

(1) 面临的安全生产压力依然很大。虽然近年来矿山安全生产形势逐年好转,但我国经济总量很大,矿山企业的数量仍然很多,灾害威胁严重。因此,矿山安全生产的基本面并没有发生根本改变,形势依然严峻。

(2) 全社会对矿山应急救援的要求越来越高。矿山安全和应急救援工作一直是媒体和社会关注的重点。随着科学发展观的全面贯彻落实,以人为本、安全发展的理念越来越深入人心,社会各界和人民群众对矿山安全生产事故的关注度和救援期望值也越来越高,而且对矿山应急救援工作的要求进一步提高。

(3) 目前经济下行压力较大,煤炭和矿产资源市场不景气,矿山企业救援队经费锐减,进而导致应急救援投入减少、人员待遇下降、人才流失增多,救援队伍建设遭遇瓶颈。

近几年,随着无线、宽带、安全、融合、泛在的互联网技术的飞速发展,建设一个信息共享、互联互通、统一指挥、协调应急的矿山应急救援平台成为可能。面向"互联网+"的应用,将互联网、云计算技术应用于应急救援,形成一个统一架构、统一术语、统一通信联络、统一调度指挥、统一资源管理的体系,构建成高效运转、上下联动、互为支撑的救援整体,为有效预防事故、提高事故救援的效率和反应速度、最大限度地降低事故损失提供了新的技术和手段。

1.3 矿山应急救援平台建设国内外现状

1.3.1 国外矿山应急救援行业现状

2014年,我国煤炭生产百万吨死亡率为0.250。美国作为世界第二大产煤国,百万吨死亡率一直控制在0.1以内;澳大利亚作为世界第四大产煤国和最大的煤炭出口国,百万吨死亡率仅为0.014左右;同为发展中国家的印度、南非等,百万吨死亡率也只有我国的四分之一左右。究其原因,无不与健全的法制、更新的安全观念、进步的采煤技术、较高的人员素质、到位的预防措施、及时的救援等息息相关。

在抢险救灾任务中,90%左右都是应急救援。许多工业发达国家,如美国、俄罗斯、日本、澳大利亚等,都建立了包括应急救援管理的信息化、紧急救援法规、管理机构、指挥系统、应急队伍、资源保障等方面的应急救援管理体制。

1. 法律法规

在美国,《矿山救援队》位于《联邦法规法典》第 30 部"矿山资源"内第 1 篇"矿山安全健康管理局"的第 49 页,主要规定了矿山救援队的组织形式、装备、培训、救灾程序等;《矿山救援队最终规定》也对矿山救援队的要求做了具体规定。1977 年颁布的《联邦矿山安全健康法》以及 2006 年颁布的《改善与新应急响应法》对矿山应急救援的条款进行了修订和完善。

英国于 1974 年颁布了《作业场所安全法》,1999 年制定了《地区紧急灾难管理法案》,2004 年又颁布了《国民突发事件法案》。其中,《国民突发事件法案》对突发事件的定义、应急管理制度、部门职责、保障措施等作出了规定。

加拿大安大略省将矿山救援的标准化建设实施到该省每个站点的救援队,该标准化建设涉及设备配备、救援程序实施、演练培训以及志愿者进入救援的程序等各个方面。

俄罗斯有关应急救援的法律法规包括约 40 部联邦法律和约 100 部联邦法规,如颁布于 1994 年的《联邦应急法案》明确了预防和消除紧急情况的国家体系组织。

印度于 1985 年颁布的《矿山救护条例》规定了矿山救护的主要程序、负责机构等内容。为预防火灾、爆炸和重大危险事故的发生,印度于 1990 年颁布实施的《工业重大事故危害控制条例》规定了应急预案的准备。1991 年颁布的《大众责任保险法》要求从事危险行业、涉及危险物品的当事人一旦受到伤害,相关单位须立即采取行动对受害的当事人提供救济。

2. 救援体系

美国的联邦紧急事务管理局是一个独立的、直接向总统负责的机构,其任务是在灾害发生时及时做出反应,制定紧急救援计划,恢复受损场所,减轻灾害损失,防止将来的灾害。

英国的应急响应权责清晰并分级进行。应急处置由地方政府和有关部门负责,而中央政府一般不参与。郡、市政府一般都设立应急联席会议,由各部门负责人参加。

俄罗斯采用高度集中管理的应急救援体系,主要体现在国家层面上的高度集中,成立专门负责规划、下调应急救援工作的紧急事务部门和消除自然灾害后果部门。

印度建立国家、地区和邦三级应急救援体系,负责部门分别为矿山安全管理总局、地区政府和邦政府。

南非的矿山救援队属于当地唯一的全国性救援培训与服务机构——南非矿山救援服务有限公司,各个矿业公司必须成为其成员单位,并缴纳会员费。

澳大利亚也有类似的救护服务公司,其主要业务包括协调矿山救护和煤矿之间的签约合作,并可提供应急救援方面的教育培训等服务。煤矿向这类公司缴纳一定费用,就可以享受矿山救护服务,并且也可以使本矿救护人员接受专业的培训演练。

3．救援队伍

南非救援队人员的选拔条件非常苛刻：必须经过严格的体检，并且每半年要复查一次；年龄必须在 21～46 岁；必须有井下工作经验；必须经过体能测试。只有在矿山工作岗位上出类拔萃的志愿者才有可能成为救援队员。

俄罗斯联邦矿山救援队的专业队伍与辅助队伍相结合，共同参与矿山事故的应急救援。

德国的矿山救援队员都是兼职的，工资比一般矿工高一些。

在美国，主要是一些积极的矿工自愿作为救援队员，但也要求必须要有 3 年以上井下工作经验。

乌克兰除了国家中心救护站外，每座矿山均设立小型的救护站，队员都是兼职的。

4．技术装备

世界上多个发达国家及少数发展中国家的煤矿救援队都具备完善的救援硬件设施和软件救援管理系统，包括平时的训练、应急预案的编制和矿难发生时的救援等都进行信息化的处理，通过对这些珍贵数据的统计、处理和分析，这些国家的救援队伍发现了许多训练和救援的问题，并得以将这些问题及时地解决，使之变为下次矿难救援的宝贵经验，进而有助于在以后的救援中减少财产损失和降低人员伤亡。

美国矿山救援装备信息化程度高，通信系统、计算机网络系统和全球定位系统三网合一，救援车辆，无论是指挥车、装备车、移动气体监控车，都实现功能最大化、集约化。灾情报告及时准确，信息处理方便迅捷，这些都为实施快速高效救援提供了保障。

纵观国际社会，政府统一指挥的应急救援协调机构、专业化的紧急救援队伍、精良的应急救援装备、完善的应急预案以及应急救援管理的信息化等，已成为国际社会公共安全救援体系的基本要素，其中非常重要的一点就是救护管理的信息化，这也是值得我们借鉴的一个方面。

1.3.2　我国矿山应急救援平台的建设现状

目前我国已有 20 多个省（区、市）建立了省级矿山救援指挥中心。全国共有 7 支国家队、14 支区域队、19 支中央企业矿山应急救援队、4 个国家级矿山救援研究中心、2 个国家级矿山救援培训中心和 1 个国家矿山医疗救护中心。同时，全国共建立了专职救援队伍 578 支，其中煤矿救援队 482 支、非煤矿山救援队 96 支。矿山应急救援平台建设日益受到各个救援队的重视，国家矿山救援队、区域矿山救援队初步实现了应急信息的上报和视频通话。陕西陕煤澄合矿业有限公司救援大队、陕西陕煤彬长矿业有限公司救援中心、陕西陕煤蒲白矿业有限公司救护消防大队、中原油田救援消防支队、国家矿山应急救援开滦队等实现了内部专网的数据共享更新、互联互通。图 1.7 所示为澄合救护大队应急救援管理系统。

救援装备满足了最低功能要求，但是这些先进的装备不能集成到统一的 IT 平台上。国内现有的与矿山应急救援相关的系统存在着诸如相互独立、共享困难、订制开发、重复投资、维护成本高等不足，无法从战略高度利用大数据进行决策服务。也还存在一些制约安全生产应急管理工作进一步发展的因素，主要包括：

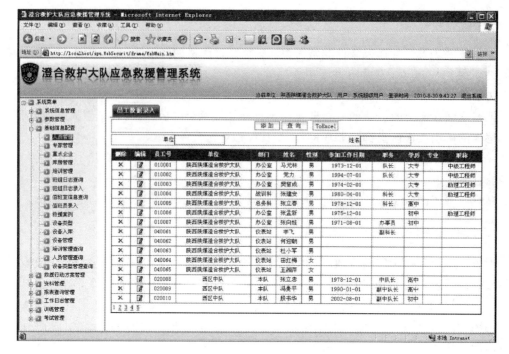

图1.7 澄合救护大队应急救援管理系统

(1) 救援队伍缺乏处置重特大和复杂事故灾难的救援装备；

(2) 应急预案的针对性和可操作性不强；

(3) 重大危险源普查工作尚未全面展开，监控、预警体系建设相对滞后；

(4) 缺乏高效的科技支撑，应急救援技术装备研发、应用和推广的产业链尚未形成。

总体来说，应对重大、复杂事故的能力不足，与党中央、国务院的要求以及人民群众的期盼还有很大差距。矿山应急救援平台在建设过程中存在如下瓶颈。

1. 技术方面

2007年国家实施了国家安全生产信息系统（"金安"工程）项目，建立了一个可靠的服务于国家安全生产监管、监察体系的信息网络和业务基础平台，实现了数据、语音、视频的互联互通，截至2012年底业务覆盖到了国家安全监管总局（国家煤矿安全监察局）、省（区、市）、市（地）和重点县（市、区）级机构以及煤矿监察分局。但是建成的信息高速路上却没有"汽车"跑，这是因为应用系统数据全部集中在基层企业。一切的决策来源于数据，一切的预案来自于积累，但"金安"工程专网框架下缺少业务对接和数据的汇总、交换、共享等方面的建设；应急救援平台旨在贯通"金安"工程专网和企业应用系统，解决"最后一公里"数据瓶颈的问题。

2. 管理方面

当前基层的应用系统都是针对单一业务部门或单一功能应用的子系统或模块，没有按统一平台的思想建设。存在多种异构系统，系统间相互独立、分散，相应业务的应用系统可能采用不同的数据采集标准，数据不能汇总和统一，导致业务相关数据不能共享。数据接口、通信协议、数据格式缺少规范化和标准化。安监部门、企业、救援队之间、救援队内部不同职能部门之间，决策层与执行层之间，管理层与员工之间不能协调同步推进，往往由于某一环节上的问题，导致信息不能流动，进而造成了信息孤岛、数字孤岛、管理孤岛。

3．机制方面

缺乏应急救援资源投入与维护机制、激励机制、责任机制、合作机制，各种资源缺乏整合和优化，信息不能共享，救援行动迟缓，尚没有完全形成应急救援的上下联动。

1.4 矿山应急救援平台方案设计依据与参考规范

矿山应急救援平台的建设开发应该依据和参照以下设计规范和要求进行：

(1)《中华人民共和国安全生产法》(2014)；

(2)《煤矿安全规范》(2010)；

(3)《矿山救护规程》(AQ 1008—2007)；

(4)《矿山救援队质量标准化考核规范》(AQ 1009—2007)；

(5)《安全生产应急平台信息交换与共享技术规范》(2012)；

(6)《矿山救援队队长工作手册》；

(7)《国家级矿山救援基地建设条件》(Q/T 1009—2008)；

(8)《安全防范工程技术规范》(GB 50348—2004)；

(9)《安全防范工程程序与要求》(GA/T 75—94)；

(10)《安全防范系统验收规则》(GA 308—2001)；

(11)《安全防范系统通用图形符号》(GA/T 74—2000)；

(12)《安全防范系统》(DB33/T 334—2001)；

(13)《民用闭路电视监控系统工程技术规范》(GB 50198—94)；

(14)《工业电视系统工程设计规范》(GBJ 115—87)；

(15)《音频、视频及类似电子设备安全要求》(GB 8898—2001)；

(16)《测量、控制和试验室用电气设备的安全要求》(GB 4793—2001)；

(17)《信息技术设备的安全》(GB 4943—2001)；

(18)《邮电通信网光纤数据传输系统工程施工及验收技术规范》；

(19)《中华人民共和国通信行业标准》(YD/T 926)；

(20)《电子设备雷击保护导则》(GB 7450—87)；

(21)《国际电子工业协会通信线缆、通讯路径和空间标准》(EIA/TIA 568A, EIA/TIA 569A)；

(22)《结构化布线标准》(ISO/ICE/IS 11801)；

(23)《数字程控调度机技术要求和测试方法》(YD/T 954—1998)；

(24)《电力系统数字调度交换机检测标准》(DL/T 795—2001)；

(25)《程控交换机进网检测方法》(YD/T 729—94)；

(26)《电话自动交换网带内单频脉冲线路信号方式》(GB/T 3376—1982)；

(27)《电话自动交换网多频记发器信号方式》(GB/T 3377—1982)；

（28）《电话自动交换网用户信号方式》（GB/T 3378—1982）；

（29）《电话自动交换网铃流和信号音》（GB/T 3380—1982）；

（30）《电话自动交换网局间中继数字型线路信号方式》（GB/T 3971.2—1983）；

（31）《公用模拟长途电话自动交换网传输性能指标》（GB/T 7437—1987）；

（32）《数字程控自动电话交换机技术要求》（GB/T 15542—1995）；

（33）《程控数字用户自动电话机通用技术条件》（GB/T 14381—93）；

（34）《固定电话网短消息业务标准》（YD/T 1248.2—2003）；

（35）《工业企业调度电话和会议电话工程设计规范》（CECS38:91）；

（36）《工业过程测量和控制装置的电磁兼容性》（GB/T 13926.2—1992）；

（37）《系统接地的形式及安全技术要求》（GB 14050—93）；

（38）《安全检查防范系统通作图形符号》（GA 74—94）；

（39）《视频安防监控系统工程设计规范》（GB 50395—2007）；

（40）《电子计算机机房设计规范》（GB 50174—93）；

（41）《电子计算机房施工及验收规范》（SJ/T 30003—93）；

（42）《无屏蔽双绞线系统现场测试传输性能规范》（EIA/TIATSB67）；

（43）《工业产品使用说明书·总则》（GB 9969.1）；

（44）《机电产品包装通用技术条件》（GB/T 13384）；

（45）《汽车行驶记录仪》（GB/T 19056—2003）；

（46）《车辆防盗报警器材安装规范》（GA 366—2001）；

（47）《车辆反劫防盗联网报警系统中车载防盗报警设备与车载无线通信终接设备之间的接口》（GA/T 440）；

（48）《车辆反劫防盗联网报警系统通用技术要求》（GA/T 553—2005）。

1.5　矿山应急救援平台技术特点及发展趋势

1.5.1　矿山应急救援平台的技术特点

目前，矿山应急救援平台建设具有以下特点：

（1）以移动通信、计算机网络、互联网、物联网、云计算、大数据、数据挖掘、人工智能、专家系统、地理信息系统、虚拟现实技术等加速渗透和深度应用为目标，满足最低功能要求；

（2）数据采集与传输普遍采用"有线＋无线"的模式，数据访问方式既有基于 C/S（Client/Server，客户/服务器）构架的，也有基于 B/S（Browser/Server，浏览器/服务器）构架的，手机 APP 日益成为被广泛应用的模式；

（3）平台建设是一门跨行业、跨专业、交叉的学科，既包括通信与信息、电子技术、自动控制、计算机等学科，也包括安全、管理学、经济学、数学等学科。

1.5.2　矿山应急救援平台的发展趋势

矿山应急救援平台建设一定是信息化与工业化深度融合的领域。预计平台会朝着以下

方向发展:

1. 先进技术高度综合集成

未来的矿山应急救援平台一定是综合运用地理信息系统(GIS)、全球定位系统(GPS)、北斗卫星导航系统、互联网、物联网(The Internet of Things)、云计算(Cloud Computing)、大数据(Big Data)、数据挖掘(Data Mining)、多媒体通信、移动通信、卫星通信、人工智能(Artificial Intelligence)、专家系统(Expert System)、虚拟现实技术(Virtual Reality,VR)、三维立体显示(three-Dimensional Display)、高清显示(HDTV)等先进技术。围绕"两化"深度融合型智能化救援目标,实现基于 4G/WiFi/GIS(Geographic Information System,地理信息系统)组合技术的井下灾区多媒体救援通信系统,多功能救援机器人,基于矿区环境实时监测监控报警预报系统,集语音通讯、人员设备定位、视频监视等多功能为一体的指挥调度系统。

2. 全方位展现地图、图像、图形、图表、文字等信息

图形工作站、大屏幕、视频会议、投影仪、打印机、音响系统等设备全方位展现多媒体信息。

3. 软件系统与硬件设备相辅相成

既包括信息展现设备和数据存储设备等相关设施建设,实现基于三维建模引擎、GIS 的综合查询和多媒体信息的存储与查询;也包括管理应用软件(值班接警、电话调度、救援车辆管理、电子三维沙盘、设备管理、财务管理、库房管理、人力资源管理等)、数据挖掘软件(安全检查、质量检查、救援行动预案专家系统、预警预报系统等)和决策指挥软件(计划制定和调整、隐患排查、灾害预警、可视化指挥调度等)等核心应用软件。软件系统与硬件设备相辅相成构建矿山应急救援平台。

4. 利用大数据分析技术拉开服务距离

建立云存储平台,构建适合现状和长远发展的信息化平台;建立高质量、高效率的信息网络,构建统一的应急救援大数据中心,包括矿山地理信息、人力资源信息、设备物资信息、救援预案专家系统等,形成资源共享、信息共享、高效协同的应急处置理机制,最终实现基于物联网、云计算、大数据、数据挖掘技术的预防为主、防救结合、平战结合的新一代矿山应急救援平台体系。

5. 跨行业、跨专业的交叉学科

综合运用通信与信息、电子技术、自动化、计算机、机械、安全、管理学、经济学、数学等学科先进理论技术。

第2章 矿山应急救援平台建设的内容

2.1 矿山应急救援平台建设的主要内容

2.1.1 矿山应急救援平台的一般要求

矿山应急救援平台总体要求如下：

(1) 平台涵盖网络系统、通信系统、视频会议系统、应用系统、数据库、指挥大厅、图像接入、移动应急平台等软硬件建设内容；

(2) 平台采用统一规范的数据通信协议，网络联结遵循下级用户服从上级用户、上级用户提供数据格式与传输技术的原则。网络基于 C/S 或 B/S 模式，具有联网通讯中断自动监测、应用权限分级管理、防病毒和数据安全保护等功能；

(3) 综合共用的基础数据库群，完成各级应急信息数据库、应急预案数据库、应急资源及资产数据库、应急演练数据库、应急统计分析数据库、应急事故救援案例数据库、应急政策法规数据库、应急知识管理和决策支持模型数据库、地理信息数据库、应急救援专家数据库的建设。利用"金安"工程专网和无线通信技术贯通应急平台网络，实现国家级、省级、市级、重点县、国家级应急救援队伍、中央企业、地方大中型企业的应急平台数据、语音、图像、视频等内容的交互共享；

(4) 紧紧围绕统一指挥、反应灵敏、协调有序、运转高效的原则，深化应急救援平台在救援指挥、资源管理、重大危险源监管监控等方面的共用共享的应用系统，整合各种应急资源，提高应急救援响应速度，发挥装备的最大效能，提高救援装备的应用水平，最大限度降低事故损失。

2.1.2 矿山应急救援平台开发建设的主要内容

矿山应急救援平台为大系统建设，它以 SDH 光传输主干网络为多业务平台，实现国家局、省局、救援大队、救援中队、事故现场之间数据、语音、视频业务的一体化传输，积极进行承载业务的应用开发，将信息化技术与救援大队的应急救援、人员装备管理、作训考核、战备值班、紧急出警、网络办公、车辆管理、日常管理等有机结合起来。

矿山应急救援平台通过计算机主登录界面将包含硬件、软件的各个系统统一起来,通过点击系统按钮进入具体业务层面。现阶段,矿山应急救援平台建设包括以下内容:应急救援指挥系统、应急救援综合保障系统、救援队伍管理系统、应急预案与案例管理系统、救援装备与物资管理系统、培训与考试系统、训练与考核系统、文档资料管理系统以及办公自动化系统,如图 2.1 所示,下面分别对这些系统进行简单的介绍。

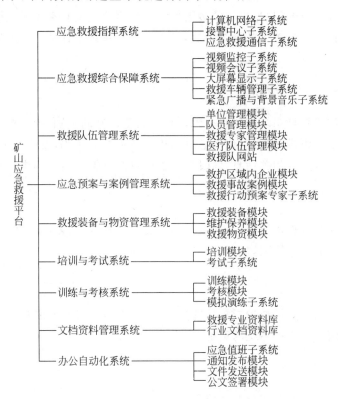

图 2.1　矿山应急救援平台建设的内容

1. 应急救援指挥系统

集成应急救援硬件设备,整合计算机网络子系统、接警中心子系统和应急救援通信子系统。信号采集纵向到事故现场,横向到以太网、卫星、无线网络覆盖区域。统一调配应用救援装备物资,统一指挥、协调应急,发挥装备的最大效能,提高应急救援响应速度,最大限度降低事故损失。

2. 应急救援综合保障系统

为应急救援提供综合技术保障,包括视频监控子系统、视频会议子系统、大屏显示子系统、救援车辆管理子系统、紧急广播与背景音乐子系统等。

3. 救援队伍管理系统

包括单位管理、队员管理、救援专家管理、医疗队伍管理和救援队网站。以电子档案形式记录并及时更新单位、人员相关信息。系统给每一个管理部门、每一个救援队、每一个救援队员分配唯一的登录名、登录密码和对应权限。救援队网站设计成功能型网站。

4．应急预案与案例管理系统

应急预案与案例管理系统中录有救护区域内企业信息（含地理信息）、以往救援事故案例。一旦发生事故灾害，需要启动应急救援，系统中内嵌的救援行动预案专家子系统采用案例推理和规则推理的方式，根据以往救援案例和现有事故情况自动生成救援行动方案，为应急救援的决策指挥提供参考。救援结束后，相关人员在系统中评估救援效果、总结救援的经验教训。

5．救援装备与物资管理系统

救援装备与物资管理系统主要包括救援物资装备设施的类别、维护保养、分配和库房管理等方面。救援装备也进入"云时代"，通过扫描装备上的二维码，就能够了解该装备生产厂家、购入日期、存放地点等相关信息，同时系统也可以主动提示装备的维保日期及维保项目。

6．培训与考试系统

此系统主要涉及救护指战员、管理人员和企业职工的培训及考试相关内容。试题库可自动出题并自动生成标准答案。

7．训练考核系统

此系统的主要内容包括救护指战员的日常训练、考核科目及成绩等，采用虚拟现实技术进行模拟训练与演练等是本系统的一个特点。

8．文档资料管理系统

文档资料包括救援专业和行业文档资料库。

9．办公自动化系统

OA(Office Automation，办公自动化)主要是应急值班子系统，以及通知发布、文件发送和公文的签署等内容，移动办公是未来的发展趋势。

2.1.3 矿山应急救援平台的功能

1．矿山应急救援平台硬件功能

(1) 救援队能与国家局、省局的安全生产应急平台对接，能与集团调度中心对接，能与井下监控系统对接，能通过网络或者其他通信手段（如上网手机）及时传输事故现场实时图像和声音，实现国家局、省局、救援队、救援现场的多方双向应急通信功能：通过移动通信、卫星通信、灾区应急救援通信设备尽可能快地为现场以外的指挥人员提供详实现场信息，包括事故现场的视频画面、语音以及环境参数等信息。有了事故现场的第一手资料，再通过与现场救援人员语音通信交流，可以使救灾指挥部最大程度地正确认识现场的情况、制订正确的救援方案,从而保证救援行动的成功。

（2）实现灾区现场与地面的多媒体移动通信功能和紧急避险场所与地面的可视通信功能：多媒体应急救援通信子系统由救援队员随身携带,边走边将灾区现场图像、环境参数上传至井下救护基地和地面救援指挥中心,同时可以实现三方语音通信。通过预埋的独立网络结构的双绞线或光缆,通过预设的救生舱和避险硐室中的可视救灾电话,遇险人员可与地面实现可视通话。

（3）实现电话接警调度功能：接警中心子系统通过电信局中继线与外线连接,通过交换机与内线连接。内线通过主从配线架,构成分机电话线路。用户既可以免费使用大队内部分机,也可以通过 PBX(private branch exchange,用户级交换机)付费方式拨打外线。接警后,与交换机相连的数据工作站联动,通过 24 小时工作的中心数据库文件搜索自动在屏幕上弹出来电用户信息,实现客户资料的精确显示,并自动录音。

（4）实现救护区域的视频会议功能：视频会议子系统能够再现现场会议的效果,使国家局、救援中心、省局及救援大(中)队之间能进行临时的、计划好的会议,从而摆脱了距离的限制,也避免了进行耗时、费力的旅行。可根据需要设置 M 个视频会议终端,其中包括配备电信级视频会议终端的主会场一个,以及配专业级视频会议终端的分会场 M−1 个。

（5）实现救护区域的本地/远程/移动视频监视、报警功能：利用卫星通信车或 3G/4G 网络将沿途以及地面灾区现场视频信息传至救援大队。在救援队内部区域设置视频采集点,包括微光夜视仪、热成像仪等。在救援队调度室大屏幕同时显示画面。通过连入局域网络,值班指战员通过键盘、鼠标操作的方式可查看 N 个视频采集点的图像信息,并进行云台操作控制。也可在各救援中队安装高速球型/枪式摄像机,定点监控往来人员、车辆等信息。救援大队通过网络对远端视频设备进行集中管理。

（6）实现应急救援广播、背景音乐播放功能：紧急广播与背景音乐子系统管理的内容主要包括公共区域的背景音乐、队员宿舍广播、紧急事故广播。分 A 个广播区域,公共广播可按照使用功能决定播放种类,并通过编程来实现,同时设有带强切功能的音量控制器。全区域提供紧急广播,紧急广播采用 A+1 形式,声压达到 90dB。

（7）实现救护区域的车辆管理功能：将 GPRS 网络的数据通信和数据传送功能与 GPS/北斗全球卫星定位系统以及 GIS 地理信息系统结合在一起,实现对救护区域内车辆的实时监控和调度。利用 GPS/北斗全球卫星定位系统测定车辆的地理位置,平均误差为 10～15 米；通过覆盖全国的 GSM/GPRS 网络传送车辆和监控中心之间的定位数据和控制命令；监控中心通过 GPRS 网络或 Internet 网络发送控制命令和接收来自车辆的各种数据,利用 GIS 电子地图管理软件,在 Windows 环境下显示车辆的准确位置。

（8）实现多媒体信息大屏幕综合显示功能：根据使用的需求,在指挥中心设置一套 B×C 的数字拼接墙系统。通过数字拼接墙可以实现对系统计算机图像、DVD 图像、摄像机视频图像、VGA 图像信号等综合显示在屏幕上。此系统能够很好地连接和显示用户的有关信息,可根据需要任意显示各种动、静态的视频和数字图文信息,进而形成一套功能完善、技术先进的信息显示管理控制系统。实现视频图像显示、控制、调用的集成。通过大屏幕显示单元控制软件与视频切换矩阵系统的集成实现任意摄像机在任意单屏上的显示；通过大屏幕显示单元控制软件与 VGA 切换矩阵系统的集成实现任意计算机信号在全屏范围内的全屏显示。

（9）实现救护区域的三/二维电子沙盘功能：三维电子沙盘系统构建虚拟地球,依据经纬度、等高线数据生成救护区域内的地形起伏模型；通过在模型上叠加境界、河流、道路、居民地等自然人文信息，可以使用户真实地体验在救护区域高空进行鸟瞰和飞行的效果。界面左上方设置有滚轮操作、图层控制、方向朝向、调整比高、光影效果、返回后台等按钮；图层控制分为经纬线、俯仰角信息、海拔信息、地标信息、交通信息等层次；滚轮操作包括拉远、离近、方位、倾角等操作功能。三维立体显示救护区域所有矿点地理位置，语音说明矿点简单信息并且图片显示矿点之间交通联系（公路、铁路）。

（10）实现煤矿区安全生产设备、环境参数的实时监测功能：基于工业以太网的多业务传输平台，具有矿山安全生产过程中多媒体信号的远程接入、延伸、传输和交换等功能，可将井下安全监测子系统、视频监视子系统以及各生产环节的自动控制子系统进行整合，调度控制室采用 C/S＋B/S 的数据访问方式实现数据的实时监测。

2. 矿山应急救援平台软件功能

（1）信息的增、删、改及浏览功能：主要实现救援队员、指导专家、救护装备、资料、作训、值班、考核、出警等应急救援基础信息的录入、修改、删除等，为信息的高效利用提供基础。

（2）信息的查询、调用、模糊检索功能：可以通过网络登陆、查询、调用、模糊检索。

（3）信息的统计分析功能：信息的高效利用是关键，通过对基础信息的统计处理为应急救援的日常管理和指挥决策提供准确、综合的参考及依据。

（4）专业的网上办公功能：专业网上办公系统主要包括移动办公，计划、总结、规章制度、技术文件、会议纪要等内容的远程发布，考试题库的建立与命题，人员培训信息的管理，达标验收的远程评定等。这些版块都可以在远程网络上实现发布、浏览、查询、下载等功能，所以说专业的网上办公系统可以更好地提高工作效率。

（5）报表分析、统计及输出技术：采用 SQL Server 技术，实现对包括人员、库房、设备、培训、专家、事故等数据进行多方面、全方位的统计和分析。自动生成各种交叉报表、汇总合计报表，并根据工作需求随时添加报表，将生成的报表输出到 Excel 中或指定格式的报表中。

（6）救援行动预案的编制、查询、修改功能：内嵌的救援行动预案专家子系统可以编制应急救援方案，并进行审批、发布。一旦遇有事故，相关人员可以马上进行查询，为应急救援的决策、指挥提供参考案例。

（7）应急救援资料库的建立查询功能：通过以上信息的积累，逐步建立起内容完整的应急救援工作资料库。完善的资料库建立可以为今后深入的应用奠定基础。

（8）网站宣传功能：网站面向所有用户，让用户了解矿山救援队的工作性质、行业信息，有利于广大员工对救护工作的监督和支持。更重要的是通过门户网站可以普及应急救援的基本知识，从而逐步提高全国人民的应急救援素质。

2.2 矿山应急救援平台的总体方案

2.2.1 矿山应急救援平台的总体技术方案

矿山应急救援平台采用统一架构、统一术语、统一通信联络、统一调度指挥、统一资源管理，以实现全国区域内的目标管理，同时也为综合应用软件提供良好的业务接口。危险源辨识、预警、预案、救灾、技术是矿山应急救援平台的基础，同时也需要其他技术的支持。危险源辨识依赖于各种分布式安全监测监控系统,这会导致数据的采集分散、采集系统异构严重,所以需要计算机集群和一套高性能计算机系统按照统一协议规范设计协议转换接口,进而云计算技术可以通过互联网以按需、易扩展的方式获得所需危险源的辨识数据,但需要开发网络计算、分布式文件软件等技术。危险源的预警需要大量经验公式和数学计算,通过比较静态、动态分析方法,对数据进行统计分析,利用计量回归进行纵向与横向的比较,总结危险源预警经验。救援行动预案专家系统采用案例推理和规则推理方式,生成一套可行的救援行动预案,为应急救援的决策、指挥提供参考。超算中心通过计算机辅助工程进行安全分析,包括前处理、计算分析和后处理三个过程:第一步是危险源的建模和事故的建模;第二步是危险源的预警求解过程以及救灾案例推理和规则推理,这需要占用大量的 CPU、内存资源以及存储空间;第三步是后处理过程,对预警计算结果和预案进行处理分析,对三维GIS事故现场、GPS 地图、救灾过程影像等进行可视化的渲染。集团化构架的远程管理技术,危险源辨识、预警、预案、救灾技术,基于高性能计算机系统的超算技术,无线、宽带、安全、融合、泛在的互联网技术,多媒体移动通信技术,灾区现场的数据冻结、截肢恢复、启动续航技术,感知物联网技术以及统一接口标准格式技术,如图 2.2 所示,这些技术使得应急数据能够在国家局省级安全监管部门、省政府安委会、局矿二层调度中心、救援队等部门、单位用户之间流动起来,为矿山应急救援平台的搭建提供技术保障。

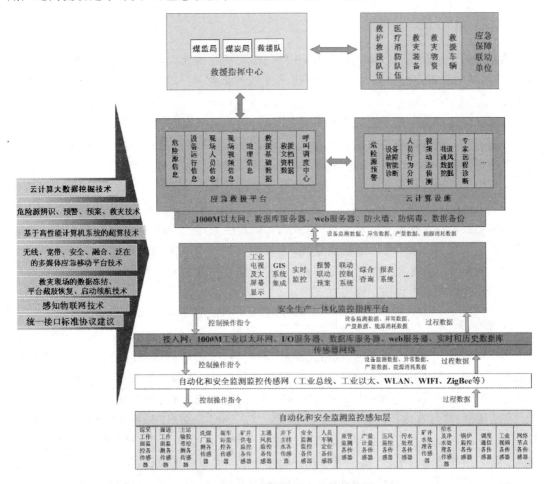

图 2.2 矿山应急救援平台总体结构图

2.2.2 矿山应急救援平台的体系结构

根据应急救援工作的时空特点,矿山应急救援平台主要分为如下四层体系结构,即感知层、通信层、应急数据中心和应用管理层,如图 2.3 所示,各部分的功能如下:

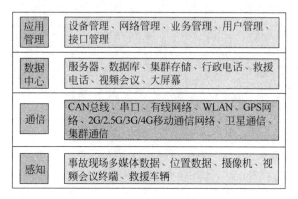

应用 管理	设备管理、网络管理、业务管理、用户管理、接口管理
数据 中心	服务器、数据库、集群存储、行政电话、救援电话、视频会议、大屏幕
通信	CAN总线、串口、有线网络、WLAN、GPS网络、2G/2.5G/3G/4G移动通信网络、卫星通信、集群通信
感知	事故现场多媒体数据、位置数据、摄像机、视频会议终端、救援车辆

图 2.3 矿山应急救援平台体系结构

1. 感知层

感知层是应急救援平台运作的基础,主要包括现场各种分布式数据采集传感器、语音终端、视频终端和分布式控制器等,采用有线＋无线的数据接入方式和基于 IP 技术的通信控制。

数据采集终端位于整个应急救援平台的最外围,如同平台的手脚,在四个层面中担负着最基础的工作。传统的应急救援系统建设往往忽视了这个层面的重要性,但实际上由于物理分散造成的复杂性,这个层面是最需要进行系统架构设计和整体规划的。

对于数据库数据的采集上收,一直是困扰应急指挥的一个问题。很多专业业务系统,如 GIS、车辆/人员 GPS 跟踪、视频数据、语音数据等等,有些是结构化数据,有些是非结构化数据。结构化数据在数据整合时缺乏统一标准、实施难度大,基于数据层面在应急指挥中心做呈现是很难实现的;非结构化数据质量高,但传统视频接入不能满足要求。项目关于应急数据中心的建设以及配套的管理规范实施,将逐步实现与应急相关的信息上收、备份,数据库采用中间件方式或者虚拟存储方式。

2. 通信层

通信层又分主干网和接入网,包括交换机、路由器、线路和信道等网络设施。主干网采用工业以太网技术,接入网采用 CAN 总线/RS485＋网口转换技术的数据传输网络,有线＋无线的数据传输模式和 C/S＋B/S 的数据访问方式,接口实现规范化和标准化。

目前城域/广域高质量的有线网络、WLAN/2G/2.5G/3G/4G 五种无线接入、紧急情况下的卫星通信系统以及语音指挥的集群系统主要作用为信息的汇集、水平信息的整合和共享以及作为指挥通信的平台,其必须有充分的冗余及高可靠性的设计。

3G/4G/卫星是应急救援平台的组成部分,其作为光纤、电缆等有线通信的冗余手段,可以提供适合不同场景、各种带宽、不同可靠性要求、各种成本的无线通信链路保障。

在有条件的情况下,应急数据应尽可能在专网上运行,且应该采用类似 RPR(Resilient Packet Ring,弹性分组环)等链路保护技术;在无法提供专网的情况下,则应尽可能采用专线类的运营链路。卫星链路和无线通信方式作为有线链路必备的备份传送手段,要尽可能地作用于每一个网络节点。各种不同制式之间的切换与保护也是应急网络平台管理最具挑战性的方面。项目将通过各种途径实现应急网络的高可靠性。

3. 应急数据中心

在整个应急救援平台中,应急数据中心是最靠近决策中枢的环节,也是最直接支撑上层软件应用的环节。以前的应急数据中心建设习惯过多关注应急指挥大屏和大厅的装修,缺乏对应急需求的系统考虑,因此把应急指挥系统中心大厅建成一个高级会议室也是必然的结果。在本项目的应急救援平台规划中,不仅应该把应急数据中心作为一个独立的规划课题来进行实施,更应该将传统数据中心的建设实施经验、技术方案与应急系统对数据的要求结合在一起,从而实现一个以应急业务为目标的数据中心方案。

应急数据中心和传统数据中心相比,存在两个新的特征:一是,数据类型更为多样,尤其是多媒体类数据占有大量比重;二是,包含了集中通信控制和集中显示控制两个功能,需充分考虑这两个控制单元在数据中心的集成。

在当前各类数据中心架构技术中,基于以太网的统一交换架构数据中心对于满足应急数据中心的两个新特征最为适合。一方面,统一的以太网底层通道为集中控制、集中通信、集中显示提供了物理上的通道技术基础,只要在需要的环节和位置引入相应的控制设备即可,甚至还可以做到设备级的各种集成;另一方面,统一交换架构数据中心打通了数据中心前、后端的网络平面,统一了互联网、服务器和存储器,这就为不同类型数据(如媒体类数据)的不同管理方式带来了最大的灵活性。此外,统一交换架构数据中心在容灾方面的实现手段具有多样化、易于部署的特点,对于应急数据中心的高可靠性也是一个很大的支撑。

4. 应用管理层

应用管理层实现应急救援指挥平台设备管理、网络管理、业务管理(通信、会议、图像、数据等)、用户管理等各种管理功能,为所有应急业务提供高效的资源管理,并且它的持续优化整合最终体现在应急系统的易用性上。同时,也为综合应用系统提供良好的业务接口(软件)。综合应用系统的效能最终体现在接口丰富性和管理层面对下面各个层面管理的紧密度上。

2.3 矿山应急救援平台的软件构架

2.3.1 矿山应急救援平台的服务层软件架构

按照分布式结构的思想,整个矿山应急救援平台由用户界面层(表示层)、业务逻辑层和数据访问层构成,如图 2.4 所示。

(1)表示层:表示层位于最外层(最上层),最接近用户。用于显示数据和接收用户输入的数据,为用户提供一种交互式操作的界面。表示层可以支持智能手机、PC、平板电脑等各种客户端。表示层表现形式可以是 Web 浏览器界面或专用 GUI (Graphical User Interface,图形用户界面)界面。表示层是基于 MVC(Model View Controller)模式实现。

（2）业务逻辑层:业务逻辑层(Business Logic Layer)无疑是系统架构中体现核心价值的部分。它的关注点主要集中在业务规则的制定、业务流程的实现等与业务需求有关的系统设计,也就是说它是与系统所应对的领域(Domain)逻辑有关,很多时候,也将业务逻辑层称为领域层。业务逻辑层在体系架构中的位置很关键,它处于数据访问层与表示层中间,起到了数

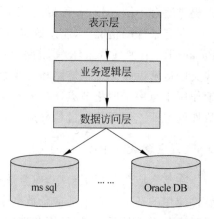

图 2.4 矿山应急救援平台的三层架构

据交换中承上启下的作用。由于层是一种弱耦合结构,层与层之间的依赖是向下的,底层对于上层而言是"无知"的,改变上层的设计对于其调用的底层而言没有任何影响。如果在分层设计时,遵循了面向接口设计的思想,那么这种向下的依赖也应该是一种弱依赖关系。因而在不改变接口定义的前提下,理想的分层式架构,应该是一个支持可抽取、可替换的"抽屉"式架构。正因为如此,业务逻辑层的设计对于一个支持可扩展的架构尤为关键,因为它扮演了两个不同的角色:对于数据访问层而言,它是调用者;对于表示层而言,它却是被调用者。

（3）数据层:有时候也称为是持久层,其功能主要是负责数据库的访问,可以访问数据库系统、二进制文件、文本文档或 XML 文档。数据层中的数据访问组件负责为业务逻辑层提数据、文档。

2.3.2 矿山应急救援平台的接口

1. SOA 接口

SOA(Service Oriented Architecture,面向服务的体系架构)接口是一个组件模型,它将应用程序的不同功能单元(称为服务)通过这些服务之间定义良好的接口和契约联系起来。接口是采用中立的方式进行定义的,它应该独立于实现服务的硬件平台、操作系统和编程语言。这使得构建在各种各样的系统中的服务可以使用一种统一且通用的方式进行交互。面向服务架构,它可以根据需求通过网络对松散耦合的粗粒度应用组件进行分布式部署、组合和使用。服务层是 SOA 的基础,可以直接被应用调用,从而有效控制系统中与软件代理交互的人为依赖性。

SOA 是一种粗粒度、松耦合服务架构,服务之间通过简单、精确定义的接口进行通信,不涉及底层编程接口和通信模型。SOA 将能够帮助软件工程师们站在一个新的高度理解企业级架构中各种组件的开发、部署形式,它将帮助企业系统架构者更迅速、更可靠、更具重用性地架构整个业务系统。较之以往,以 SOA 架构的系统能够更加从容地面对业务的急剧变化。

2. 消息队列

消息队列是分布式应用间交换信息的一种技术。消息队列可驻留在内存或磁盘上,队列存储消息直到它们被应用程序读走。通过消息队列,应用程序可独立地执行,它们不需要知道彼此的位置或在继续执行前不需要等待接收程序接收此消息。

布式计算环境中,为了集成分布式应用,开发者需要对异构网络环境下的分布式应用提供有效的通信手段。为了管理需要共享的信息,对应用提供公共的信息交换机制是非常重要的。

消息队列为构造以同步或异步方式实现的分布式应用提供了松耦合方法。消息队列的API(Application Program Interface,应用程序编程接口)调用被嵌入到新的或现存的应用中,通过消息发送到内存或基于磁盘的队列或从它读出而提供信息交换。消息队列可用在应用中以执行多种功能,例如要求服务、交换信息或异步处理等。

如果没有消息中间件完成信息交换,应用开发者为了传输数据,必须要学会如何用网络和操作系统软件的功能,编写相应的应用程序来发送和接收信息,且交换信息没有标准方法,每个应用必须进行特定的编程,从而和多平台、不同环境下的一个或多个应用通信。例如,为了实现网络上不同主机系统间的通信,将要求应用开发者具备网络上信息交换的方法方面的知识(比如用 TCP/IP 的 socket 程序进行设计);为了实现同一主机内不同进程之间的通讯,将要求应用开发者具备操作系统的消息队列或命名管道(Pipes)等知识。

MQ 的通信模式可分为如下几类:

(1)点对点通信:点对点方式是最为传统和常见的通讯方式,它支持一对一、一对多、多对多、多对一等多种配置方式,支持树状、网状等多种拓扑结构。

(2)多点广播:MQ(Message Queue,消息队列)适用于不同类型的应用。其中重要的,也是正在发展中的是"多点广播"应用,即能够将消息发送到多个目标站点(Destination List)。可以使用一条 MQ 指令将单一消息发送到多个目标站点,并确保为每一个站点可靠地提供信息。MQ 不仅提供了多点广播的功能,而且还拥有智能消息分发功能,在将一条消息发送到同一系统上的多个用户时,MQ 将消息的一个复制版本和该系统上接收者的名单发送到目标 MQ 系统。目标 MQ 系统在本地复制这些消息,并将它们发送到名单上的队列,从而尽可能地减少网络的传输量。

(3)发布/订阅(Publish/Subscribe)模式:发布/订阅功能使消息的分发可以突破目的队列地理指向的限制,使消息按照特定的主题甚至内容进行分发,用户或应用程序可以根据主题或内容接收到所需要的消息。发布/订阅功能使得发送者和接收者之间的耦合关系变得更为松散,发送者不必关心接收者的目的地址,而接收者也不必关心消息的发送地址,而只是根据消息的主题进行消息的收发。在 MQ 家族产品中,MQ Event Broker 是专门用于使用发布/订阅技术进行数据通信的产品,它支持基于队列和直接基于 TCP/IP 两种方式的发布和订阅。

(4)群集(Cluster):为了简化点对点通讯模式中的系统配置,MQ 提供 Cluster(群集)的解决方案。群集类似于一个域(Domain),群集内部的队列管理器之间通信时,不需要两两之间建立消息通道,而是采用群集(Cluster)通道与其他成员通讯,从而大大简化了系统配置。此外,群集中的队列管理器之间能够自动进行负载均衡,当某一队列管理器出现故障时,其他队列管理器可以接管它的工作,从而大大提高系统的可靠性。

3. 数据访问接口

DBMS(Database Management System,数据库管理系统)是一种非常复杂的软件,编写程序通过某种数据库专用接口,并且通信是非常复杂的工作。为此,产生了数据库的客户访问技术,即数据库访问技术。

开放的数据库访问接口为数据库应用程序开发人员访问不同的、异构的数据库提供了统一的访问方式,采用这种数据库接口可以通过编写一段代码实现对多种类型数据库的复杂操作。实现了开放数据库的互联,并大大减少了编程的工作量和开发时间。

目前流行的开放数据库访问接口有 ODBC、JDBC、OLE DB、数据库网关(SQL 网关)等。

为了更好地衔接面向对象开发与数据访问,人们提出了 ORM 技术。

对象关系映射(Object Relational Mapping,简称 ORM,或 O/RM,或 O/R mapping),是一种程序技术,用于实现面向对象编程语言里不同类型系统的数据之间的转换。从效果上说,它其实是创建了一个可在编程语言里使用的"虚拟对象数据库"。

面向对象是从软件工程基本原则(如耦合、聚合、封装)的基础上发展起来的,而关系数据库则是从数学理论发展而来的,两套理论存在着显著的区别。为了解决这个不匹配的现象,对象关系映射技术应运而生。

对象关系映射提供了概念性的、易于理解的模型化数据的方法。ORM 方法论基于三个核心原则:简单——以最基本的形式建模数据;传达性——数据库结构被任何人都能理解的语言文档化;精确性——基于数据模型创建正确标准化的结构。典型地,建模者通过收集来自那些熟悉应用程序但不熟练的数据建模者的人的信息开发信息模型。建模者必须能够用非技术企业专家可以理解的术语在概念层次上与数据结构进行通信。建模者也必须能以简单的单元分析信息,对样本数据进行处理。ORM 专门被设计为改进这种联系的技术。

简单地说,ORM 相当于中继数据。具体到产品上,例如 ADO. NET Entity Framework,DLINQ 中实体类的属性[Table]就算是一种中继数据。

众多厂商和开源社区都提供了持久层框架的实现,常见的有:

(1)JAVA 系列:APACHE OJB、CAYENNE、JAXOR、HIBERNATE、IBATIS、JRELATIONALFRAMEWORK、SMYLE 和 TOPLINK 等;

(2).NET 系列:ENTITYSCODEGENERATE、LINQ TOSQL、GROVE、RUNGOO. ENTERPRISEORM、FIRECODE CREATOR、MYGENERATION、CODESMITH PRO 和 CODEAUTO 等。

2.3.3 矿山应急救援平台的信息交换与共享

信息交换与共享在整个矿山应急救援平台具有重要的功能,本平台支持全国的应急救援组织共享信息,对非本平台的系统提供信息交换与共享接口。

平台支持五种方式进行信息交换与共享：ETL(Extract Transform Load)方式、消息和 Web Services 方式、消息和共享文件方式、数据文件导入应用系统方式、数据文件导入数据库方式。

1. ETL 方式

ETL 实现数据库之间信息交换与共享方式是指两个业务系统数据库之间通过数据工具(ETL)实现数据的抽取、转换、清洗和装载，以达到数据交换的目的。

ETL 方式适合对数据同步的实时性要求不高、增量数据大的情况，可以按月/季度进行数据交换。数据流向支持双向同步，其业务流程如图 2.5 所示。

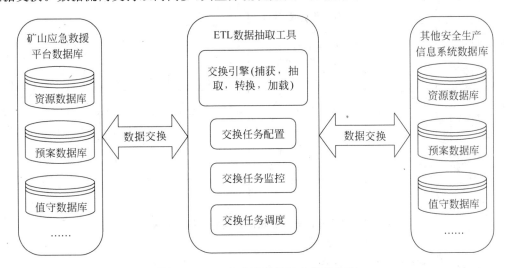

图 2.5 ETL 方式实现信息交换与共享

业务流程说明：

在 ETL 数据抽取工具中进行两个数据库中参与数据交换的表的配置，数据映射的配置，交换任务的配置，任务调度的配置。

ETL 数据抽取工具按照调度时间执行数据交换配置，利用交换引擎完成数据的捕获、抽取、转换和加载，实现安全生产应急平台数据库和安全生产信息系统数据库之间数据的交换。

2. 数据文件导入应用系统方式

数据文件导入应用系统方式是指从某系统的数据库中导出的数据文件，通过数据导入功能，将数据文件导入目标应用系统中，然后进行数据解析和数据使用的过程，达到数据交换的目的，其业务流程图如图 2.6 所示。

3. 数据文件导入数据库方式

数据文件导入数据库方式是指对于从某系统的数据库中导出的数据文件，通过数据导入功能将数据文件导入目标数据库中，然后进行数据解析和数据使用的过程，达到数据交换的目的，其业务流程图如图 2.7 所示。

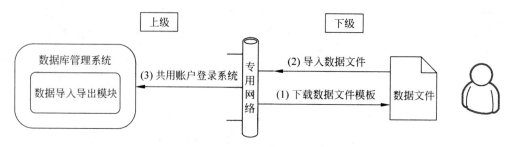

图 2.6 数据文件导入应用系统方式实现信息交换与共享

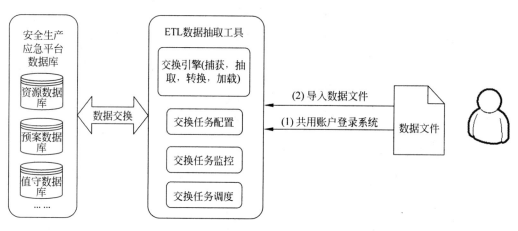

图 2.7 数据文件导入数据库方式实现信息交换与共享

4. 消息和 Web Services 服务方式

消息和 Web Services 服务方式是指两个应用系统之间通过系统接口(基于面向服务架构的 SOA 的 Web Services 技术)实现数据访问、数据传输、数据解析和数据使用,达到数据交换的目的,其业务流程图如图 2.8 所示。

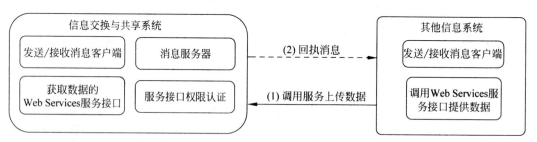

图 2.8 消息和 Web Services 服务方式实现信息交换与共享

5. 消息和共享文件方式

消息和共享文件方式是指两个应用系统之间通过共享文件(基于 XML 文件和 FTP 服务器技术)实现数据组装、数据传输、数据解析和数据使用,达到数据交换的目的,其业务流程图如图 2.9 所示。

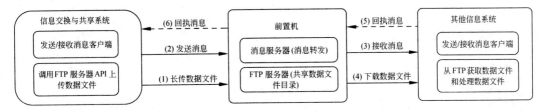

图 2.9 消息和共享文件方式实现信息交换与共享

3.1 应急救援指挥系统

应急救援指挥系统集成了应急救援硬件设备，整合计算机网络子系统、接警中心子系统和应急救援通信子系统。

3.1.1 计算机网络子系统

计算机网络子系统是矿山应急救援平台的物理基础，局域网平台上的搭载业务（安全监控系统、视频监视系统、视频会议系统、车辆定位管理系统、接警中心等）的数据传输、调用均依赖于它，如图 3.1 所示。井下，计算机网络宜采用独立网络结构，救生舱和避险硐室设置可视救灾电话，通过备用的矿用双绞线或光缆组成环或树形网络，采用 H.264 压缩标准的视频和采用 G.729 标准的语音通过 TCP/IP 协议打包进行传输；在地面，通过计算机软件解压，计算机屏幕显示画面及相关信息，并且通过送/受话器与灾区现场通话。

1. 计算机网络子系统结构

矿山应急救援平台建设广义上讲属于计算机网络所支持的系统集，故它具有计算机信息系统的基本特征，有比较严格的逻辑结构。平台建设的计算机网络结构原则上应分三层：中心骨干网、区域骨干网和接入网，如图 3.2 所示。

中心骨干网是信息传输的主通道，目前信息的主要表现形式是语音、数据和图像，而语音、数据、图像三种业务的统一承载平台就是 SDH 光传输主干网络。利用已建成的 SDH 网，如"金安"工程专网，通过 EOS（Ethernet over SDH/SONET）在 SDH 设备中提供以太网接口（100M/1000M/10G），或在传统的 2/3 层以太网交换机中提供 SDH 接口（155M/622M/2.5G/10G），实现国家救援指挥中心、省局救援指挥中心与救援队网络模式的耦合。以上方式可提供多种业务，尤其是能保证实时业务的服务质量，提供 1+1 通道保护，支持组播和广播，并可虚级联到远端，且能提供丰富的端到端性能监控功能。接入层即为平台建设的硬

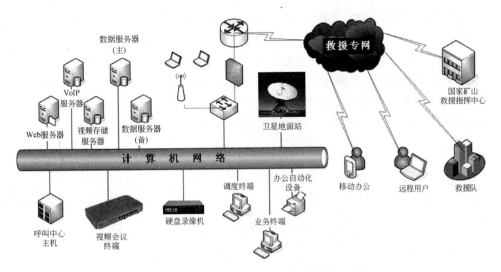

图 3.1 矿山应急救援平台计算机网络子系统

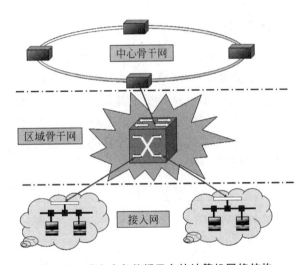

图 3.2 矿山应急救援平台的计算机网络结构

件子系统,接入方式包括有线和无线两种。

2. 计算机网络子系统拓扑网络

普通商用以太网的网络拓扑结构主要有星型、环型、总线型和混合型 4 种。

(1)星型拓扑:如果所有计算机都连在一个中心站点上,那么网络使用了星型拓扑(Star Topology),如图 3.3 所示。因为星型网络像车轮的轮辐,所以星型网络的中心通常被称为集线器(Hub)。典型的集线器包括了这样一种电子装置,它从发送计算机接收数据并把数据传输到合适的目的地。图 3.3 表示了一个理想的星型网络。实际上,星型网络几乎没有那种集线器与所有计算机都有相同距离的对称形状。相反,集线器通常安放在与所连计算机相分离的地方。其中每一台计算机都连接在一个叫集线器的点上。星型结构网络是最为常见,也是最简单的一种组网方式。这种网络的优点是结构清晰、布线简单、节省线路、成本也最低。

（2）环状拓扑：使用环状拓扑（Ring Topology）的网络将计算机连接成一个封闭的圆环，一根电缆连接第一台计算机与第二台计算机，另一根电缆连接第二台计算机与第三台，以此类推，直到一根电缆连接最后一台计算机与第一台计算机，如图 3.4 所示。从图中可看出，电缆把计算机连接成一个圆环，环状拓扑的名字由此得来。如同星型拓扑一样，需要理解环状拓扑是指计算机之间的逻辑连接而不是物理连接，这是很重要的。环状网络中的计算机和连接不必安排成一个圆环。事实上，环状网络中的一对计算机之间的电缆可以顺着巷道铺设。

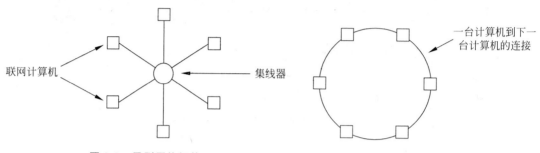

图 3.3　星型网络拓扑　　　　　　图 3.4　环状网络拓扑

（3）总线拓扑：使用总线拓扑（Bus Topology）的网络通常有一根连接计算机的长电缆（实际上，总线网络的末端必须被终止，否则电信号会沿着总线反射）。任何连接在总线上的计算机都能通过总线发送信号，并且所有计算机也都能接收信号。图 3.5 画出该拓扑结构的示意图。由于所有连接在电缆上的计算机都能检测到电子信号，因此任何计算机都能向其他计算机发送数据。当然，连接在总线网络上的计算机必须相互协调，保证在任何时候只有一台计算机发送信号，否则会发生冲突。

图 3.5　总线网络拓扑

（4）混合型：顾名思义，混合型就是以上三种类型的混合类型。

每种拓扑结构都有优点与缺点。环状拓扑使计算机容易协调使用并且容易检测网络是否正确运行。然而，如果其中一根电缆断掉，整个环状网络都要失效。星型网络能保护网络不受一根电缆损坏的影响，因为每根电缆只连接一台机器。总线拓扑所需的布线比星型拓扑少，但是有和环状拓扑一样的缺点：如果某人偶然切断总线，网络就要失效。

3. 计算机网络子系统方案

要想实现全面的数据共享，必须打造计算机网络，用技术的手段保障数据共享，各专项应急救援平台通过应急传输网接入政府应急指挥中心，进行语音、图像、数据的互通，为领导指挥处置突发公共事件提供辅助决策服务。

计算机网络子系统提供专业通道，具有高可靠、低延时、多业务承载和多种链路备份的特点，应该自建专网、光纤直连，组网形式以 RPR 为佳，双归属次之。对于有线链路受到严重损毁的地区则通过直播卫星快速建立起临时数据通道,实时传递音视频信息。而在应急传输网之上的应急数据共享,图像接入的方案最为成熟。由此也带来结构化数据共享的一个新思路,即远程呈现。

目前,由于无法满足应急语音通信、图像接入、视频会议、信息共享与交互等新型应急业务需求,多数已建的政府和各专项应急指挥中心需要改建、扩建或新建。同时,由于应急指挥涉及多个部门协同作战,需要大量的广域数据交互和共享。通常应急救援指挥系统包含应急指挥中心即大脑,多个部门间、中心与现场间的有效沟通和信息共享即神经末梢和四肢,以及传递这些信息的支撑网络即神经网络。因此在应急指挥系统中传递可靠信息的支撑网络至关重要。

根据应急信息传输业务的场景来看应急支撑网络可以分为:

(1) 中心局域网:支撑应急指挥中心内部各业务系统之间信息交互;

(2) 横向广域接入网:支撑应急指挥中心与各个专项应急指挥中心间信息交互;

(3) 纵向广域接入网:支撑应急指挥中心纵向与上下级应急指挥中心间信息交互;

(4) 卫星接入网络:支撑应急指挥中心与现场救援指挥中心间信息交互;

(5) 现场无线接入网络:支撑现场指挥中心与应急救援通信子系统间信息交互。业务信息交互主要包括语音通讯、图像接入、视讯会议和其他应急相关业务信息交互。

可以看出,中心局域网主要实现应急指挥中心与各个子系统间的互连,包括:应急综合应用系统、语音调度指挥系统、图像接入系统、视讯会商系统、数据中心和存储以及中心控制区等子系统。广域接入网主要实现横向政府与各个专项部门间和纵向各级政府间的互连,传输语音调度、应急信息、图像接入、视讯会商等业务。应急移动平台包括了移动指挥中心和单兵单元,相应的承载网络由上行接入网、核心交换网和现场无线接入网组成。针对以上业务交互需求,应急指挥支撑网络可分为中心局域网、广域接入网和应急移动平台。

1) 中心局域网

中心局域网如图 3.6 所示,分为核心交换区、应急数据存储区、应急应用系统支撑、应急联络中心支撑区、图像接入支撑区、视讯会商支撑区和中心操作台等。

核心交换区由高交换性能的高端多业务交换机组建,保证应急指挥中心内部的各个子系统间可以快速高效地进行信息交互;同时,可内置或外置安全板卡接入广域网,实现系统间信息安全、可靠的传递。

应急综合应用系统根据应急大容量信息交换和业务突发性质的需求,统一部署高性能的数据中心交换机。本区域核心部署两台高性能高端数据中心交换机,连接应用服务区和数据库服务区,同时双归属接入到中心局域网的核心交换区,保证与其他子系统和外部系统间的可靠信息快速交互。应用服务区和数据库服务区分别采用高性能汇聚型数据中心交换机,满足内部大容量运算信息交互需求。

应急数据存储系统、图像接入系统、应急联络中心支撑系统、视讯会议子系统和中心操作台等部分的局域网,在每个区域的核心部署两台高性能汇聚交换机,将内部系统各个部件互联,同时通过双链路上行连接至中心交换区,实现各个子系统间信息传递。

总体来看,中心局域网遵循分区设计原则,这使应急指挥系统具有良好的扩展性,各个区域均采用双机设备和双链路互联的方式保证信息传递的可靠性,各区域部署高性能核心交换以及汇聚交换实现各个子系统间和外部系统间的大容量、无阻塞的信息交互,较好形成

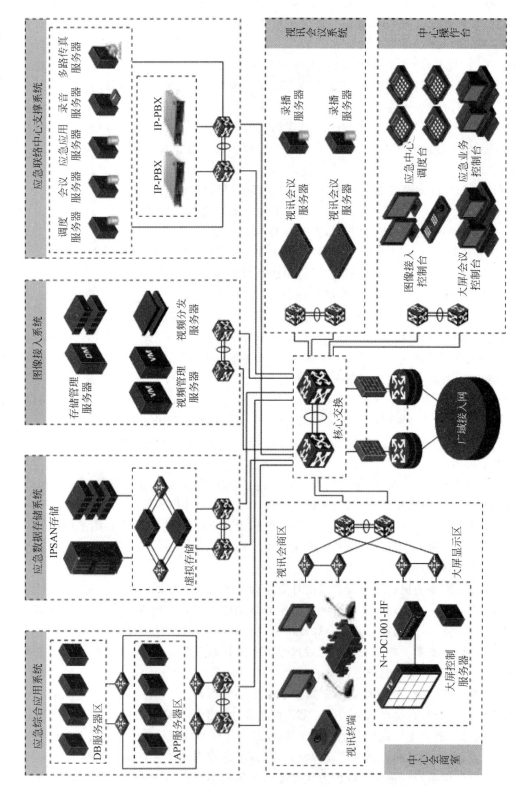

图 3.6 计算机网络系统子系统中心局域网

应急指挥中心对多媒体应急业务和大容量应急数据计算和交换的良好支撑。

2）广域接入网

由于应急救援平台部署业务系统众多,新增的网络业务会造成带宽资源匮乏,尤其是各个相互协作的应急指挥中心间的广域网。表3.1展示了通过业务系统的流量来评估广域网带宽的方法。

表3.1　应急救援业务流量及带宽

项　　目	描　　述	带　　宽
视频会议	按照36个部门参加,考虑到未来14路的扩充,每路图像768Kbps	768Kbps×50＝39Mbps
图像接入	暂时考虑20路图像的接入,每路D1分辨率,1536Kbps	1536Kbps×20＝31Mbps
综合应用系统	信息接报、风险评估、预警预测、指挥调度等业务	8Mbps
数据共享平台	考虑到同时10个单位同时抽取,每秒发生2M流量	2Mbps×10＝20Mbps
内网IP电话调度	按照最大100方电话会议,每路30K	3Mbps
移动应急通信	按照1路384K视频会议,1路768K图像接入	1Mbps

上述业务一般不会同时发生,带宽峰值主要受视频会议、数据共享、图像接入系统等流量大的业务影响,应急综合应用系统有所不同,对业务流量影响不大。考虑到冗余和安全加密等对带宽的消耗,为满足应急工作峰值应用的需要,建议应急救援平台接入带宽不低于155Mbps。

广域接入网推荐采用两种建设模式:树形组网和环形组网模式。应急指挥中心横向通过RPR弹性分组环网技术将各专项应急指挥中心进行互连,保证高带宽的同时保证高可靠性。各下级指挥中心则通过双归属方式接入。

同时,建议在规划应急指挥系统的时候,一定要规划广域网的备份方案,如4G数据传输、卫星通信等线路,同时各种线路间要能够实现快速切换,保障业务不中断。在应急指挥中心、各个专项部门都要租用某个运营商的线路作为备份。通常情况,当主链路出现故障时,可以通过链路切换机制启动备份链路,以确保各部门与应急指挥中心的连接,确保应急业务的有效开展。

3.1.2　接警中心子系统

1. 接警中心子系统概述

接警中心子系统是在煤矿事故发生后,使应急救援平台业务与行动结合起来的专业系统,是为使救援工作能够有效实施并保证各救援单位之间协调开展工作的重要系统。

在煤矿灾难事故发生后,应急处置流程如图3.7所示。

在流程图中可以看出,在事故发生后,首先要能够及时接到警报,才能进一步展开救援行动。如果事故发生后,无法及时或者根本无法将准确的信息传递到救援队,其严重后果可想而知。

同时,救援工作是一个极其复杂的工作,涉及事故评估、救援方案、有关成员、专家技术组、救援队伍、医疗机构等一系列因素。任何一个因素上的失误都有可能导致救援工作的失败。这时就需要一个有效地调度系统来指挥各单位之间的协调工作。

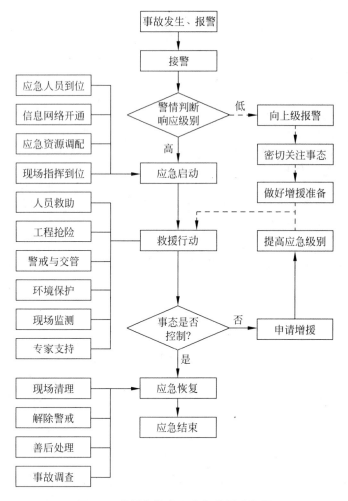

图 3.7　救援指挥中心应急处置流程图

煤矿事故发生后,救援调度工作对于挽救生命和保护国家财产起着至关重要的作用,为了及时反馈事故现场的情况、传达救援中心的指令、有效地调节各救援单位之间的工作,需要建立一个统一的、综合的多媒体调度平台,这对于更有效地挽救生命和保护国家财产具有十分重要的战略意义和现实意义。接警中心正是这种多媒体调度平台的集中体现,其主旨是通过电话形式为专家组和救援工作人员提供迅速、准确的信息、方案和命令等。通过通信调度机的智能呼叫分配、计算机电话集成技术、自动语音应答等高效的手段和有经验的人工座席,可以最大限度地提高救援工作的效率,使救援工作更快速有效地开展,挽救人民宝贵的生命。

2. 接警中心子系统组成

一个典型的基于交换机的接警中心子系统是由自动排队机单元、计算机电话集成单元、交互式语音应答单元、数据库应用单元、来话呼叫管理单元、去话呼叫管理单元、人工座席单元、电话录音单元以及呼叫管理单元等组成。

（1）自动排队机单元：主要实现电话呼入、呼出功能；还需要提供自动呼叫分配（ACD）单元；配置呼叫管理单元，用于有效管理所有话务；支持交互式话音应答（IVR）；提供 CTI Link 模块作为计算机/电话的集成接口。

（2）计算机电话集成单元：基于计算机/电话集成 CTI（Computer Telephony Integration，计算机电信集成）技术的中间件，能够提供呼叫管理、监控功能，并能与接警中心中的 ACD、IVR、录音设备、FAX（传真）、应用软件、数据库各部件相集成。由于其提供统一标准的编程接口，屏蔽 PBX 与计算机间的复杂通信协议，进而给不同的 CTI 应用程序开发和 CTI 应用系统集成带来极大方便。

（3）交互式语音应答单元：是接警中心的重要组成部分，其实际上是一个"自动的业务代表"，通过 IVR 系统，用户可以利用音频提示通过电话按键或语音输入信息，从该系统中获得预先录制的数字或合成语音信息。该系统具有先进的 IVR 系统互联网语音、TTS（Text to Speech）文语转换、语音识别、电子邮件转语音等语音功能。

（4）数据库应用单元：是接警中心的信息数据中心，主要用来存放接警中心的各种配置统计数据、呼叫记录数据、话务员人事信息、客户信息和业务受理信息、业务查询信息等。

（5）来话呼叫管理单元：是一种用于管理来话的呼叫、呼叫转移和话务流量的计算机应用系统。当呼叫进入接警中心系统后，ICM（Incoming Call Management，来电呼叫管理）借助 CTI 技术能够有效地跟踪呼叫等待、接听、转接、会议、咨询等动作，以及与呼叫相关的呼叫数据传递，如 ANI（Automatic Number Identification，自动号码识别）、DNIS（Dialed Number Identification Service，被呼叫号码识别服务）、IVR 按键选择、信息输入等数据，做到数据和语音同步，提供有用的呼叫用户个人信息，满足个性化服务需求，并节约时间和费用。

同时，ICM 能够根据 ACD 系统参数和呼叫用户信息，将呼叫分配到最适合的业务代表处，提高资源的利用率和效率。

（6）去话呼叫管理单元：负责去话呼叫并与用户建立联系，即所谓的主动呼出。去话呼叫管理系统可分为预览呼叫和预拨呼叫两类。

预览呼叫能激活业务代表的话机，拨打电话号码，业务代表负责接听呼叫处理音并与被叫用户通话，若无人应答，业务代表就将呼叫转给计算机处理。

预拨呼叫的工作原理是由计算机自动完成被叫方选择、拨号以及无效呼叫的处理工作，只有在呼叫被应答时，计算机才将呼叫转接给业务代表。依赖复杂的数学算法，预拨呼叫要求系统全盘考虑可用的电话线、可接通的业务代表数量、被叫用户占线概率等因素。

（7）人工座席：为客户提供服务的业务代表、电话耳机和计算机终端设备。数字话机一般采用与 ACD 交换机配合使用的数字话机，支持自动摘机和挂机功能，担任管理任务的班长座席的话机还具有扩充的功能键，支持电话监听等功能。座席计算机一般采用 PC（Personal Computer）微型电脑，通过局域网访问 CTI 服务器和数据库服务器，运行桌面应用系统。桌面应用系统本身还具有软电话功能，实现各种电话操作，如电话摘机、挂机、转接、保持、外拨、会议、咨询等。呼叫信息随着电话振铃能够自动弹出在座席终端上。人工座席按功能可划分为业务代表座席、班长座席、质检席、后台业务席。

（8）呼叫管理单元：实现对接警中心实时状态监控和呼叫统计。系统管理人员依据当前的状态监控的显示内容掌握当前系统的工作状况，如忙闲程度、业务分布、业务代表状态、线路状态等。领导决策人员依据对呼叫信息的历史统计，进行针对性的决策，决定系统的规模、人员数量等的调整,以提高系统的运行效率和服务质量。

3. 接警中心子系统建设

一个典型的接警中心子系统如图 3.8 所示,值班电话通过电信局中继线与外线(PSTN)连接,通过交换机与内线连接。内线通过主从配线架,构成分机电话线路。用户既可免费使用大队内部分机,也可以通过 PBX 付费方式拨打外线。接警后,与交换机相连的数据工作站联动,根据来电显示号码,在 24 小时工作的中心数据库中进行文件搜索自动在屏幕上弹出来电用户信息,实现客户资料的精确显示,并自动录音。

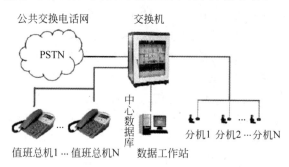

图 3.8 接警中心子系统组成示意图

1) 硬件设备

接警中心作为一个中心控制机构,至少应该包括以下设备:

(1) 一个计算机调度系统,配备有视频显示器,用于显示呼叫用户的资料;

(2) 一个有触摸屏幕监视的电话系统,用来接电话和打电话;

(3) 一个无线电控制系统,用于无线电通讯;

(4) 一个微缩照片系统,用来观看平面图和地图;

(5) 一个闪光呼救系统,供控制台话务员向监控人员请求增援;

(6) 一个取出系统,用来派遣救护力量到事故现场;

(7) 一个车辆利用和定位系统,用来接收来自消防部门和救护部门的车辆运行位置状况;

(8) 两架录音机,用来录音;

(9) 一个内部通讯联络系统,用于话务员之间的口头通话;

(10) 一台数字时钟,要求与主报时钟保持同步;

(11) 本子系统所有的重要零件,都必须要有备件,以保证系统的高度可靠性。

2) 接警中心软件

由于接警中心的特殊性,合理的调度软件是接警调度中心十分重要的组成部分。调度台界面要采用应用最广泛的 Windows 操作系统,并配备大屏幕显示器,系统界面简洁,操作方便。调度软件应至少实现以下功能:

(1) 调度单键直呼分机;

(2) 分机可设为立即热线或延迟热线呼调度台;

(3) 调度台界面显示中文用户名称,无须记忆用户号码;

(4) 主、分机忙闲状态显示;

（5）自动与卫星同步时间，亦可手动调整时间；

（6）程序自动复位功能；

（7）中继数可任意；

（8）中继参加电话会议；

（9）双音频脉冲话机全兼容；

（10）电话会议记忆；

（11）多电话线路录音同时进行，且互不干扰；

（12）群呼、组呼、选呼；

（13）调度可强插、强拆（分机）；

（14）调度按应答键自由代接；

（15）键盘操作密码设置；

（16）可设置用户间热线；

（17）中继出局方式自由设定；

（18）计算机远端数据设置和维护。

4. 接警中心组网模式

接警中心组网模式包括下列两种：

（1）单点组网模式：系统的所有硬件资源、服务资源以及座席代表等都集中在一个建筑物内，整个系统组成一个高速局域网，用户的电话/Web 呼叫等统一接入到这个单点的接警中心系统中，由接警中心的各种资源为用户提供服务。

系统在 PBX 一侧提供多种连接远端座席的方式，可以根据远端座席设置的数量规模，配置性能价格比非常合理的产品，既可以采用 PBX 远端模块方式，也可以采用 IP 的方式使远端语音与数据在一条物理链路上同时传输，实现传输介质与带宽共享。

（2）分布式组网模式：采用分布式 CTI 及分布式数据处理技术的虚拟接警中心系统，可以将在地理位置上分散的多个接警中心（Site A/B/C）连接在一起，每个节点都可以根据需要配置座席群、IVR、传真资源以及服务器群组。这些分布式的节点通过 PBX 及 CTI 中间件内嵌的分布式处理功能形成一个逻辑上统一的接警中心，不同接警中心之间的业务代表和自动语音、自动传真资源可以实现均衡分配，从而使得接警中心的处理资源达到统一分配、负载均衡的目的。分布式组网模式的典型例子如图 3.9 所示。

若救援队选择采用分布式接警中心的组网方式，还需要进一步明确以下问题（以图 3.9 为例）：

单点统一接入还是多点分散接入：单点统一接入系统只支持在一个节点（例如 Site C）建立与 PSTN 的话路接口，所有呼叫从 C 节点统一接入，然后呼叫在全网统一分配处理；多点分散接入系统支持多点分布式接入，如 Site A、Site B、Site C 等都建立与 PSTN 的话路接口，用户呼叫分别从多个节点分散接入，然后 CTI 中间件指定网中任一节点的座席及 IVR 资源对呼叫在全网统一分配处理。

统一排队、智能路由：无论是单点接入的呼叫还是多点接入的呼叫，CTI 中间件都会对这些呼叫进行统一排队控制，根据呼入客户的身份级别、业务请求，同时结合网内所有座席的业务技能，分配网内最合适的座席服务用户，实现呼叫在全网内的智能路由处理，达到负

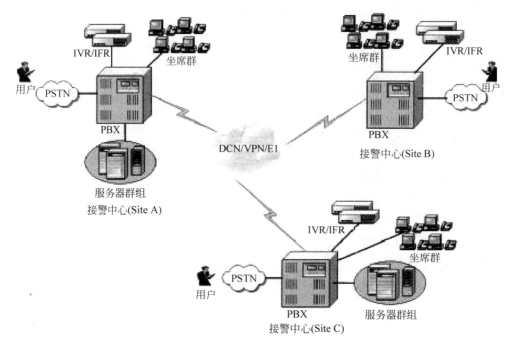

图 3.9　分布式接警中心组网模式

载均衡、统一路由分配的目的。

　　统一座席调用：在 CTI 中间件的统一控制下，网内所有座席在逻辑上是"一套"人工服务资源，对于任意一个用户呼叫，CTI 会在全网内寻找合适座席资源服务用户，从而实现座席资源的全网统一调用。

　　统一 IVR/IFR(交互式语音/传真应答)资源调用：在 CTI 中间件的统一控制下，网内所有 IVR/IFR 在逻辑上是"一套"自动服务资源，对于任意一个用户呼叫，CTI 会在全网内寻找并分配空闲的自动服务资源服务用户，从而实现 IVR/IFR 资源的全网统一调用。

　　图 3.10 为接警中心子系统的事故登记页面。

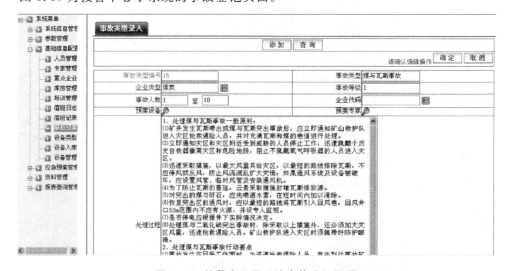

图 3.10　接警中心子系统事故登记页面

3.1.3　应急救援通信子系统

应急救援通信子系统包括地面卫星通信单元和井下灾区应急通信单元两大部分,如图 3.11 所示。

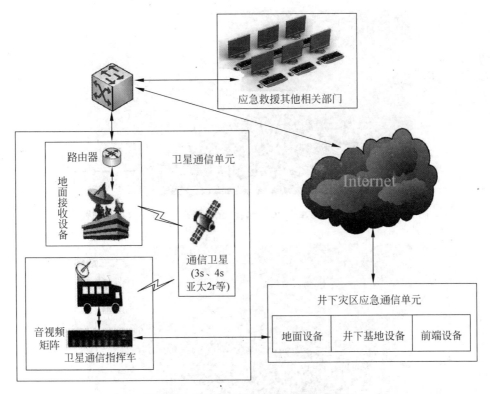

图 3.11　应急救援通信子系统的系统构架

1. 卫星通信单元

卫星通信单元实现现场指挥功能,具有覆盖范围最广、快速组网、易于扩展、支持大容量高速率多媒体业务等优点,可以满足抢险救灾、新闻采访、公安和军事领域的应急通信需要;同时还可以和任何已有的应急救援通信子系统配合使用,可应用于多种情况,具有很强的实用性和重大的社会、经济效应。

卫星通信单元由支撑网络、卫星通信指挥车、通信卫星、卫星地面接收设备、图像接入设备、应急语音调度设备等组成。支撑网络主要包括上传线路、核心交换和现场无线接入。

上传线路以卫星线路为主。卫星通信单元需要与应急救援各级指挥中心进行多媒体交互,对带宽的需求较高,目前采用 VSAT 卫星通信系统的方式较多,同时还可通过 3G/4G 方式进行线路备份,满足平时和战时的不同场景的应用。

核心交换包括图像接入管理、应急通信调度系统和应急应用系统等的互联接入。

现场无线接入主要实现井下灾区应急通信单元的接入,主要是语音调度和现场图像等业务的承载,经现场指挥员综合研判和决策后将关键信息通过核心交换上传,传输到指挥中心;指挥中心再将相关指令和指示传达到卫星通信单元,从而实现应急联合协调处置。

卫星通信指挥车基于 VSAT 卫星通信系统和海事卫星 BGAN 网络传输,包括天线、车载摄像机、视频服务器、音视频矩阵、卫星电话等。卫星电话以海事卫星 BGAN 业务为例,该业务支持 64Kbps,256Kbps,432Kbps 速率的 IP 数据业务。比较成熟的代表是"动中通",如图 3.12 和图 3.13 所示。

图 3.12 卫星通信指挥车于 2008 年在珠峰执行奥运圣火传递保障任务

图 3.13 国家矿山应急救援靖远队的卫星通信指挥车

2. 井下灾区应急通信单元

1) 灾区应急通信的特点

(1) 有限空间,线状场景。井下巷道空间狭窄、四面粗糙、凹凸不平,周围环绕着煤和岩石,还有支架、风门、钢轨、动力线等,通信属于一种在复杂有限空间内的无线通信。无线信号覆盖区域类似公路、铁路、城市内街道、隧道、水路运河等,呈狭长线状覆盖场景,传播模型和信道环境特殊[2]。文献[3]研究了 UHF(特高频、分米级超短波)波段无线信号在井下的传播特性,结论是无线救援通信频率越高越有利于电磁波的传播,所以通信频率应大于 50MHz。

(2) 短距离通信,本质安全装备。井下救护基地与灾区现场之间的距离一般为 1000m 左右,且中间可能有弯道、上/下坡、塌方、冒顶等,救援现场也可能有瓦斯、一氧化碳等可燃、有害气体存在,所以装备必须是本质安全型。短距离无线通信(SDR)技术,如小灵通

（PHS）、无线局域网（WLAN）、蓝牙（Bluetooth）、ZigBee、超宽带（UWB）等技术,因其通信距离短、功耗低,比较适合此情景应用。

（3）动态拓扑,自组网络,即铺即用。灾害发生后,井下固定的通信网络设施可能全部损毁而无法正常工作,因此需要快速独立组网,救援通信系统节点（AP）开机以后就要快速自动组网、独立运行。同时,救援过程中,救援队员携带的通信终端低速向灾区移动,因而救援通信系统具有动态的拓扑结构。在网络拓扑图中,变化主要体现为节点和链路的数量及分布变化。当通信的源节点和目的节点不在直接通信范围之内时,需要通过中间节点进行转发,即报文要经过多跳才能达到目的地。因此救援通信又是一个多跳自组织网络。

（4）宽带网络。在进行救援通信时,除了语音通信外,有时还需要视频通信,以便全面、准确了解灾区现场情况;有时还需要了解灾区现场环境参数数据,如瓦斯、一氧化碳、氧气浓度,环境温度等,救援通信的信息多媒体化要求救援通信必须是宽带网络,能同时支持音频、视频和数据实时传输,传输速率不小于 2.0Mb/s。

2）灾区对应急通信装备的要求

灾区应急通信的特点对信息的传输和系统的组建都提出了更高的要求,对救援通信装备的要求主要体现在以下几方面:

（1）设备自备电源,自成系统,独立运行;

（2）设备为本质安全型,便携式,低功耗;

（3）设备可快速组网,即铺即用;

（4）设备具有动态拓扑结构,自组网络;

（5）信息多样化,设备具有多媒体信息的采集、显示、传输、存储和回放功能,要求有足够的可靠带宽。

3）井下灾区应急通信单元实现

井下灾区应急通信单元通信方式采用有线与无线相结合的方式:地面指挥中心与井下救护基地之间（10km～20km 不等）采取有线（电话线/光缆）通信方式;井下救护基地与灾区现场之间（通常在 1000m 左右）采用无线方式,单元结构如图 3.14 所示。救援终端主要由应急救援黑匣子（如图 3.15 所示）和无线 Mesh 网卡组成,将客户端与无线路由器连接到一起。应急救援黑匣子完成井下现场的视频、音频、环境参数（氧气、一氧化碳、瓦斯浓度和环境温度）等多媒体信息的实时采集,并具有存储、显示、报警等功能。无线 Mesh 网卡将多媒体信号以多跳的方式,通过若干 Mesh 路由器的路由转发功能将信号送至井下基地设备,设备电源采用本安型锂电池,实现了"即铺即用"的矿山救援应急通信服务。

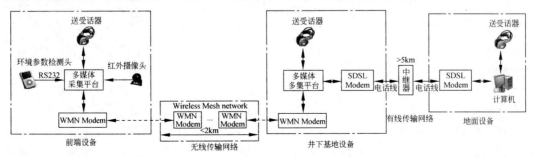

图 3.14　井下灾区应急通信单元结构图

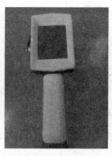

图 3.15　应急救援黑匣子照片

3.2　应急救援综合保障系统

应急救援综合保障系统为应急救援提供综合技术保障,包括视频监控子系统、视频会议子系统、大屏显示子系统、救援车辆管理子系统、以及紧急广播与背景音乐子系统。

3.2.1　视频监控子系统

1.视频监控技术概述

1)视频监控技术发展历程

视频监控技术按照主流设备发展过程,可以分为三个大的阶段,即 20 世纪 70 年代开始的模拟视频监控阶段、20 世纪 90 年代开始的数字视频阶段以及近几年兴起的智能网络视频监控阶段。模拟监控阶段的核心设备是视频切换矩阵,数字视频阶段的核心设备是硬盘录像机(DVR),智能网络视频监控时代没有核心硬件设备,系统变得开放而分散,设备包括网络摄像机(IPC)、网络录像机(NVR)及中央管理平台(CMS)等。在目前的实际应用中,各种类型的产品和系统架构均有一定比例,并均将继续存在一定时间,但从长远看,智能网络视频监控系统代表了视频监控技术未来的发展方向。

第一代视频监控系统(即模拟视频监控系统)由模拟摄像机、多画面分割器、视频矩阵、模拟监视器和磁带录像机等构成,摄像机的图像经过同轴电缆传输,并由 VCR 进行录像存储,由于 VCR 磁带的存储容量非常有限,因此 VCR 需要经常地更换磁带以实现长期存储,自动化程度很低,另外 VCR 的视频检索效率十分低下。本地图像监控系统一般采用模拟方式传输,采用视频同轴电缆(少数采用光纤、视频光端机等),传输距离不能太远,主要应用于小范围内的监控,如大楼监控等。监控图像一般只能在控制中心查看。但由于图像无压缩,图像质量最好,无马赛克及滞后现象,适用于对图像质量及连续性要求高的场合。

第二代视频监控系统(即数字视频监控系统)产生于 20 世纪 90 年代,数字视频压缩编码技术的日益成熟,微机的普及化,为基于 PC 的多媒体监控创造了条件。

多媒体监控系统是一般采用下面的结构:在远端监控现场,有若干个摄像机、各种检测、报警探头与数据设备等,通过各自的传输线路,汇接到前端的多媒体监控终端上,多媒体监控终端可以是一台 PC 机,也可以由专用的工业机箱组成多媒体监控终端,一般监控终端都配有一个视频矩阵或视频切换器。除了处理各种信息和完成本地所要求的各种功能外，系统利用视频压缩卡和通信接口卡，通过通信网络，将这些信息传到一个或多个监控中心。基于 PC 的多媒体监控系统功能较强，软件开发比较容易，但稳定性不够好，容易发生死机等现象，功耗高，而且需要有人值守，一般不能用在无人值守的场合，同时软件的开放性不好，不容易和其他系统实现互联。

第三代视频监控系统（即智能网络视频监控系统，IVS），开始于 21 世纪初，主要由网络摄像机、视频编码器、高清摄像机、网络录像机、海量存储系统及视频内容分析技术构成，可以实现视频网络传输、远程播放存储、视频分发、远程控制、视频内容分析与自动报警等多种功能。目前一般的远程图像监控系统，其图像压缩与解压缩全部采用基于 PC 的视频卡，使得视频前端（如 CCD 等视频信号的采集、压缩、通信）较为复杂，稳定性、可靠性不高，且价格高昂。而且 PC 机也需专人管理，操作较为烦琐。随着技术的进步，在 2000 年开始出现了一种新型的网络化远程视频监控技术，即基于嵌入式操作系统的远程网络视频监控。基于嵌入式操作系统技术的远程网络视频监控的主要原理是视频服务器内置一个嵌入式 Web 服务器，采用嵌入式实时操作系统。摄像机传送来的视频信号数字化后由高效压缩芯片压缩，通过内部总线传送到内置的 Web 服务器。网络上用户可以直接用浏览器（如 IE 或 Netscape Navigator 等）观看 Web 服务器上的摄像机图像，授权用户还可以控制摄像机云台镜头的动作或对系统配置进行操作。由于把视频压缩和 Web 功能集成到一个体积很小的设备内，可以直接连入以太网，达到即插即看的效果，省掉各种复杂的电缆，而且安装方便（仅需设置一个 IP 地址），用户也无须使用专用软件，仅用浏览器即可观看。

2）视频监控的核心技术

（1）光学成像器件：光学成像设备是监控系统的核心技术部件，光学成像器件主要包括镜头及感光器件，目前感光器件主要是 CCD（Charge Coupled Device，即电荷耦合器件）和 CMOS（Complementary Metal Oxide Semiconductor，即互补金属氧化物半导体）两种。CCD 器件的主要优点是高解析、低噪音、高敏感度等。早期的 CMOS 技术主要用于低端市场，但随着 CMOS 技术的不断完善，在高分辨率、高清摄像机中，CMOS 迅猛发展起来，并显示出越来越强的技术优势和市场竞争力。

（2）视频编码压缩算法：视频编码压缩的目的是在尽可能保证视觉效果的前提下减少视频数据量。由于视频可以看成是连续的静态图像，因此其编码压缩算法与静态图像的编码压缩算法有某些共同之处，但是运动的视频还有其自身的特性，因此在压缩时还应考虑其运动特性才能达到高压缩的目的。视频的编码压缩是视频监控系统数字化、网络化的前提条件，不经过编码压缩的视频信息的数据量庞大，计算机、网络带宽及硬盘存储均难以承受，因此，如何对大量视频数据进行有效地编码压缩就成为一个非常关键的问题。

以标清 D1 图像为例，如果每秒传送 25 帧数据，未经压缩时，对网络带宽需求是 16MB/s 的数据量（$720 \times 576 \times 12/8 \times 25 = 15.5$MB），经过编码压缩后，每秒视频数据占用的网络带宽（码流）变得小很多。MPEG-4 算法可将 D1 效果实时视频（25 帧/秒）压缩成码流为 2Mbps 左右，而图像质量仍可接受。

（3）视频编码压缩芯片：视频编码压缩的核心是算法，但是，算法的实现是以运算处理芯片为基础。视频编码算法在不断地改进以降低码流、提升图像质量，算法复杂程度的不断提升给芯片的处理能力带来不断地挑战。目前，市场上流行的视频编码芯片主要有 DSP 和

ASIC 两大类。其中,DSP 为通用媒体处理器,即以 DSP 为核心并集成视频单元和丰富的外围接口,DSP 通过软件编程来实现视频编解码且能扩展多种特色化功能。ASIC 是专用视频编码芯片,它可以集成一些外围接口,通过硬件实现视频编解码。另外,还有利用 CPU 运行压缩算法的方式。

(4)视频管理平台:智能网络视频监控系统中不再具有类似矩阵的硬核心产品,所有的设备、组建、服务变得分散、多元化,在此情况下,网络是依托,而视频管理平台是灵魂。整个视频监控系统"形散而神不散"的架构完全依托于管理平台的有效整合,尤其是在大型的系统中,平台将发挥越来越重要的作用,而视频监控系统也逐步走出安防监控领域,向其他领域应用扩展。

3)矿山应急救援平台对视频监控子系统的功能需求

(1)视频监控设备如果设置在模拟巷道,则必须满足煤矿防爆、隔爆的等级要求。

(2)可以实现各级部门联网监控、指挥终端、中心控制室以及上级领导终端等通过语音对讲对救援队进行远程指挥。

(3)系统具有特定的视频效果:以救援队为单元,将一路或多路视频信号进行图像预览和录像。

(4)系统具有实时日期和时钟视频叠加功能:对救援队全程视频图像进行实时日期和时钟预览和录像,保证救援过程的完整性和真实性。其日期和时钟在画面中的显示方式和显示位置可以根据现场实景进行位置调整。

(5)系统具有单画面、多画面和全屏等多种显示方式,预览显示画面在多画面显示方式下,其显示位置可进行人为调整。

(6)系统具有根据网络传输质量调节录像效果的功能,保证其图像在局域网和广域网上都能进行网络传输。

(7)系统具有音、视频实时网络浏览功能,每路图像可允许多个网络客户端同时进行网络浏览。

(8)系统具有录像资料转制 VCD 光盘存储功能,便于资料的保存和资料审阅的便捷。

(9)系统具有硬盘空间显示和容量不足警示功能,提供现行和循环录像两种模式。

(10)系统具有客户端对录像资料的检索、管理和回放的功能。

(11)系统具有通过网络实现上级领导与救援队值班人员进行网络回话的功能,从而保障指挥的有效性和实时性。

(12)系统具有易安装性和易维护性。

(13)系统具有操作简单,界面简洁,功能直观明确的特点。

4)视频监控子系统基本组成

(1)视频采集处理前端:视频采集处理前端设备由摄像头、云台、送/受话器、视频服务器、电源等设备组成,主要功能是采集、模/数转换、压缩、上传视频数据,下传镜头云台控制数据,采集、转换、压缩/解压、双向传输语音数据。监控前端是担负着图像监控系统的数据采集和控制命令的执行部分,是整个系统重要组成部分之一。其主要性能及技术参数要求如下:

色彩:摄像机有黑白和彩色两种,通常黑白摄像机的水平清晰度比彩色摄像机高,且黑白摄像机比彩色摄像机灵敏,更适用于光线不足的地方和夜间灯光较暗的场所。黑白摄像机的价格比彩色摄像机便宜。但彩色的图像容易分辨衣物与场景的颜色,便于及时获取、区分现场的实时信息。

清晰度：有水平清晰度和垂直清晰度两种。垂直方向的清晰度受到电视制式的限制，有一个最高的限度，由于我国电视信号均为 PAL 制式，PAL 制垂直清晰度为 400 行。所以摄像机的清晰度一般是用水平清晰度表示。水平清晰度表示人眼对电视图像水平细节清晰度的量度，用电视线 TVL 表示。

目前选用黑白摄像机的水平清晰度一般应要求大于 500 线，彩色摄像机的水平清晰度一般应要求大于 400 线。

照度：单位被照面积上接收到的光通量称为照度。Lux(勒克斯)是标称光亮度(流明)的光束均匀射在 $1m^2$ 面积上时的照度。摄像机的灵敏度以最低照度来表示，这是摄像机以特定的测试卡为摄取标，在镜头光圈为 0.4 时，调节光源照度，用示波器测其输出端的视频信号幅度为额定值的 10%，此时测得的测试卡照度为该摄像机的最低照度。所以实际上被摄体的照度应该大约是最低照度的 10 倍以上才能获得较清晰的图像。

目前，一般选用黑白摄像机时考察最低照度这个指标，当相对孔径为 F/1.4 时，最低照度要求小于 0.1Lux；选用彩色摄像机时考察最低照度这个指标，当相对孔径为 F/1.4 时，最低照度要求小于 0.2Lux。

同步：要求摄像机具有电源同步和外同步信号接口。

对电源同步而言，使所有的摄像机都由监控中心的交流同相电源供电，使摄像机同步信号与市电的相位锁定，以达到摄像机同步信号相位一致的同步方式。

对外同步而言，要求配置一台同步信号发生器来实现强迫同步，电视系统扫描用的行频、场频、帧频信号、复合消隐信号采用与外设信号发生器提供的同步信号同步的工作方式。

系统只有在同步的情况下，图像进行时序切换时才不会出现滚动现象，录像、放像质量才能提高。

电源：摄像机电源一般有交流 220V、交流 24V、直流 12V 三种，可根据现场情况选择摄像机电源，但推荐采用安全低电压。选用 12V 直流电压供电时，往往达不到摄像机电源同步的要求，此时必须采用外同步方式，才能达到系统同步切换的目的。

自动增益控制(AGC)：在低亮度的情况下，自动增益功能可以提高图像信号的强度以获得清晰的图像。目前市场上 CCD 摄像机的最低照度都是在这种条件下测得的参数。

自动白平衡：只有彩色摄像机的白平衡正常时，才能真实地还原被摄物体的色彩。彩色摄像机的自动白平衡就是实现其自动调整。

电子亮度控制：有些 CCD 摄像机可以根据射入光线的亮度，利用电子快门来调节 CCD 图像传感器的曝光时间，从而在光线变化较大时可以不用自动光圈镜头。使用电子亮度控制时，被摄景物的景深要比使用自动光圈镜头时要小。

逆光补偿：在只能逆光安装的情况下，采用普通摄像机时，被摄物体的图像会发黑，应选用具有逆光补偿的摄像机才能获得较为清晰的图像。

(2) 本地监控中心设备：视频数据管理中心包括视频管理中心、大屏幕控制中心和数据中心，视频管理中心设在指定位置，数量不止一个。监控中心设备主要由图像监控系统服务器、图像存储系统、监控客户终端等组成。主要完成现场图像接收，用户登录管理，优先权的分配，控制信号的协调，图像的实时监控，录像的存储、检索、回放、备份、恢复等。监控中心是整个系统的中枢部分，承担着与用户和前端设备的接口任务。

（3）远程指挥中心：远程指挥中心应包括安装在各级监管部门的若干个指挥终端，各级领导在自己的办公电脑上使用 IE 浏览器访问各救援队数字监控主机，就可以同时对不同的救援队分别进行查看。指挥终端可以在救援队局域网内，也可以在远端通过 Internet 或专网进行远程指挥。

（4）传输网络：监视现场和控制中心总有一定距离，从监视现场到控制中心需要传输图像信号，同时从控制中心发出的控制信号要传送到现场，所以传输系统从内容上分为视频信号传输和控制信号传输两部分。从传输方式上看，传输系统分为有线和无线两种，由光缆、电缆、网络设备等组成的有线宽带局域网，主要功能是保证前端采集的数据完整、及时、准确、安全地传送到各级视频管理中心，无线传输有 WLAN 等方式。

（5）数字硬盘录像设备系统：将监控系统中所有的摄像机摄取的画面进行实时数字压缩并录制存档，可以根据任意检索要求对所记录的图像进行随机检索。由于数字硬盘录像设置在计算机系统中，信息可以自由传递到网络能够到达的范围，因此监控图像的显示不再拘于传统的图像切换方式，可以根据需要在任何被授权的地点监控任何一处的被控图像，使系统具有极强的安全管理能力。监控图像被图像录制模块以高压缩率存储于高容量磁盘阵列中，可随时供调阅、快速检索。所有操作，都可以在遥控器上完成，从而摆脱 Windows 操作系统，避免了死机现象。相对于传统的磁带记录方式，数字硬盘录像设备操作简便，可靠性高，回放质量更高。所有记录可供长时间保存，重复利用率极高，记录还可被转录制成光盘用于存档保存。在大于 40G 的硬盘配置下，动态录像约可以存储一个月甚至更长时间。

2. 本地视频监控子系统

本地视频监控子系统在救援队大门、办公楼、大院、演练巷道等位置设置 N 个视频采集点，包括微光夜视仪、热成像仪等。在大队调度室大屏幕同时显示 N 个画面，并通过控制键盘和操纵杆控制高速高变倍球形摄像机；通过连入局域网络，大队领导通过键盘、鼠标操作的方式可查看 N 个视频采集点的图像信息，并进行云台操作控制。本地视频监控子系统的系统构架如图 3.16 所示，图 3.17 为某救援队本地视频监控子系统的截图。

3. 远程视频监控子系统

远程视频监控子系统包括视频采集处理前端、传输网络和视频数据管理中心三部分，如图 3.18 所示。

视频采集处理前端设备由摄像头、云台、送/受话器、视频服务器、电源等设备组成，主要功能是采集、模/数转换、压缩、上传视频数据，下传镜头、云台控制数据，采集、转换、压缩/解压、双向传输语音数据。

传输网络由光缆、电缆、网络设备等组成宽带局域网，主要功能是保证前端采集的数据完整、及时、准确、安全地传送到各级视频管理中心。

视频数据管理中心包括视频管理中心、大屏幕控制中心和数据中心，视频管理中心设在指定位置，数量不止一个。设备由热备份视频 Web 服务器、报警器、计算机、大屏幕控制器、视频矩阵等设备组成。主要功能是将前端采集的视频数据进行解压、显示、处理、存储、查询、回放等，控制镜头拉伸及云台转动，移动侦测、报警联动。图 3.19 为某远程视频监控子系统截图。

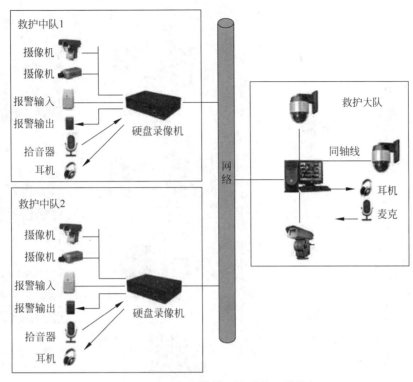

图 3.16　本地视频监控子系统的系统构架

图 3.17　某救援队本地视频监视系统截图

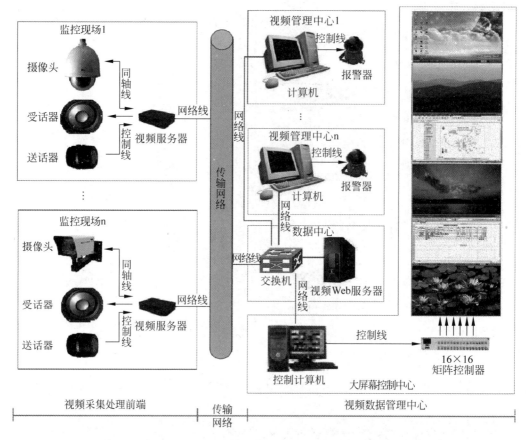

图 3.18 远程视频监控子系统的系统构架

图 3.19 某远程视频监控子系统截图

3.2.2　视频会议子系统

1. 视频会议子系统概述

视频会议系统(Video Conference System)又叫会议电视系统,是一种以视频为主的交互式多媒体通信,包括卫星会议和网络会议。视频会议系统具体是指两个或两个以上不同地方的个人或群体,通过传输线路及多媒体设备,将声音、影像及文件资料互相传送,达到即时且互动的沟通,以完成会议目的的系统设备。它利用现有的图像通信技术、计算机通信技术以及微电子技术,进行本地区或远程地区之间的点对点或多点之间的双向视频、双向音频、流媒体以及数据等交互式信息实时通信。

视频会议的目的是把相隔多个地点的会议室视频设备连接在一起,使各方与会人员有如身临现场,一起开会或学习,进行面对面的对话,因此视频会议广泛地应用于各类行政会议、远程教育、远程医疗、远程电话会议、远程监控、远程作战指挥以及商务谈判等事物中。视频会议系统具有真实、高效、实时的特点,是一种简便而有效的用于管理、指挥、教学以及协同决策的技术手段。

1) 视频会议系统在国外的发展状况

20 世纪 60 年代初视频会议系统开始逐渐兴起,当时美国电报电话公司推出过模拟会议电视系统,但由于当时的电话网带宽无法满足其要求,使得视频信号只能通过极其昂贵的卫星信号传输,因此成本无法降低,而且当时市场需求并不强大,技术发展也不够完善,种种原因不但限制了该产品的推广,而且使视频会议市场就此沉寂了下来。进入到 20 世纪 70 年代以来,由于相关的技术不断发展和突破,其中最主要的是数字式传输的实现,从而使传统视频会议系统所用模拟信号的采样和传输方法得到了极大的改善,数字信号处理技术开始走向成熟。但是数字信号的存储与传输仍是一个难以解决的问题,尤其是采集的模拟信号如果用数字形式表示,其存储量和要求的传输能力更高于模拟系统。而对数据压缩问题的研究,成为突破障碍的关键,并最终把视频会议技术推向市场。到了 20 世纪 80 年代中期,通信科技发展迅猛,编码和信息压缩技术的发展,使得视频会议设备的实用性大为提高。与此同时,数字式网络发展也非常迅速,因此,视频会议系统正逐步进入市场。但此时的视频会议系统由于价格和技术的因素,仍只限于高档的会议室视频会议系统的应用,从而限制了它的进一步普及。20 世纪 90 年代初期,第一套国际标准 H.320 获得通过,不同品牌产品之间的兼容性问题得到解决。配合 H.261 视频压缩集成电路技术的开发,视频会议系统也有小型化发展的趋势。在 1992—1995 年期间,中小型视频会议系统成为视频会议应用中的主要产品。视频会议系统在 20 世纪 90 年代中期的发展另一个推动因素为桌上型产品的逐步成熟。

2) 视频会议系统在国内的发展状况

中国的视讯业已有 10 多年的发展历程。发展之初的视频会议系统只是针对政府、金融、集团公司等高端市场,主要在专网中运行,且造价不菲,预算往往高达百万、千万元。受国际社会的影响以及人民需求的不断增加,中国视频会议系统市场近两年突破了以往的平缓发展局面,开始步入稳步快速发展阶段。混网及企业公网市场代替基于专线网络的视频会议系统占了主流地位。2004年,基于混网和企业公网的产品占到了68.8%的比例,2005年这一比例将高达87.5%,成为市场的主流。据调查显示,我国在政府、金融、能源、通信、交通、医疗、教育等重点行业机构中视频会议设备的用户比例达到了66.3%,视频会议系统已经成为我国行业信息交流和传递的重要手段。据有关人员预测,未来3年内,视频会议系统将以复合年平均增长率26.1%的速度增长。

2. 视频会议子系统的组成

一般的视频会议系统包括MCU多点控制器(如视频会议服务器)、会议室终端、PC桌上型终端、电话接入网关(PSTN Gateway)、Gatekeeper(网闸)等几个部分。各种不同的终端都连入MCU进行集中交换,组成一个视频会议网络。

1) 多点处理单元(MCU)

MCU是视频会议系统的核心部分,为用户提供群组会议、多组会议的连接服务。目前主流厂商的MCU一般可以提供单机多达100个用户的接入服务,并且可以进行级联,可以基本满足用户的使用要求。MCU的使用和管理不应该太复杂,要使客户方技术部甚至行政部的一般员工能够操作。目前主流的MCU(如POLYCOM DST MCS4200系列MCU)操作界面非常人性化,全中文,使用非常方便,符合我国政府会议和企业的需要。

2) 大中小型会议室终端

大中小型会议室终端是提供给用户在会议室使用的,视频会议中断设备有的自带摄像头和遥控键盘,有的不带摄像头,增加了用户的选择性,使系统配置更加灵活。视频会议终端可以通过电视机或者投影仪显示,用户可以根据会场的大小选择不同的设备和数量。一般会议室设备带专用摄像头,可以通过遥控方式前后左右转动从而覆盖参加会议的任何人和物。

3) 桌面型(PC)终端

直接在PC上举行视频会议,一般配置费用比较低的PC摄像头,常规情况下只能一两个人使用。

4) 电话接入网关(PSTN Gateway)

在基于IP网的视频会议系统中,网关是跨接在两个不同网络之间的设备,把位于两个不同网络上的会议终端连接起来组成一组会议。网关有三大主要功能:

(1) 通信格式的转换;

(2) 视频、音频和数据信息编码格式之间的互译,以完成表示层之间的相互通信;

(3) 通信协议和通信规程的互译,以完成应用层的通信。

用户可以直接通过电话或手机在移动的情况下加入视频会议,这点对国内许多领导和出差多的人尤其重要。可以说,电话接入网关将成为视频会议不可或缺的功能。

5) 网闸(Gatekeeper)

与电路交换网络上的会议系统不同,基于IP网的视频会议系统,面向的是分组交换的质量不能保证的IP网,从而导致了网闸这一特殊角色的出现。网闸是一个可选的角色,但基于IP网的实际视频会议系统,如果没有网闸,则难以很好地工作。

网闸有以下三个主要的功能:

(1) 用户别名和运输层地址的翻译。在实际应用中,用户很难记住对方会议终端的网

络地址(运输层地址),而比较容易记住用户的别名。在此情况下,网闸的作用就十分明显了;

(2) 用户进入会场许可的管理和控制。网闸对每一个要进入会场的用户进行检察和论证,以确定用户的合法性;

(3) 网络带宽的管理和控制。通过带宽的控制能力可以根据网络实际情况来控制用户数或者用户的使用带宽,以此保证会议有一个基本的质量。

RAS 信道,就是为了网闸工作而在 H.323 中专门设计的一个信道。

此外,视频会议系统一般还具有录播功能。能够进行会议的即时发布并且会议内容能够即时记录下来。基于现时流行的会议信息资料的要求,本系统能够支持演讲者电脑中电子资料 PPT 文档、FLASH、IE 浏览器及 DVD 等视频内容,也包括音频的内容等,同时能支持会议中领导嘉宾视频画面、会场参与者视频画面的同步录制。

3. 视频会议系统的分类

视频会议使人们能进行自然的、计划好的会议,而摆脱了距离的限制也避免了进行耗时、费力的长途旅行。视频会议的最大特点是能够再现现场会议的效果,减小因距离因素而产生的与会者之间的隔阂,随着 ITU 制定第一个 H.320 标准和 H.323 标准,视频会议得到了很大的发展。视频会议作为一种先进的通信手段,已逐步被众多政府部门和跨地区企事业单位所采用。

按照设备结构来分类,可分为硬件视频会议系统和软件视频会议系统;按照业务不同来分类,可分为公用视频会议系统、专用视频会议系统和桌面视频会议系统;按照传输内容不同对视频会议系统进行分类,可分为文件会议、数据会议、可视会议及多媒体会议;按照使用频度分,又分连续型视频会议系统和一般性会议系统。各种不同的分类,为用户提供了更为广阔的选择空间,为各种不同的需求提供了一个定制的标准。

按设备结构进行分类:

(1) 硬件视频会议系统:硬件视频会议系统是基于嵌入式架构的视频通信方式,依靠 DSP+嵌入式软件实现音视频处理、网络通信和各项会议功能。其最大的特点是性能高、可靠性好,大部分中高端视讯应用中都采用了硬件视频方式。一般来说,硬件视频会议系统采用专用的音视频设备,视觉质量较好,易于使用并且可以提高服务质量。

(2) 软件视频会议系统:软件视频会议系统是基于 PC 架构的视频通信方式,主要依靠 CPU 处理视频、音频的编解码工作,软件视频会议系统的原理与硬件视频会议系统基本相同,不同之处在于其多点控制单元(MCU)和终端,软件视频会议系统的终端都是利用高性能的 PC 机和服务器结合软件来实现。在目前的技术条件下,软件视频会议在音视频质量上已接近硬件系统的效果。

按照业务的不同进行分类:

(1) 公用视频会议系统:公用视频会议系统是由中国电信经营的、采用预约租用方式使用的会议电视系统,覆盖所有省会及主要地级城市。召开电视会议的单位需要提前预约,电视会议在中国电信的会场进行。新成立的小规模公司及偶尔召开电视会议的单位可考虑使用,优点是可减少公司的初期投资、资金压力,不需要专人维护;缺点是使用时必须提前预约,不能随时随地进行电视会议。

（2）专用视频会议系统：专用视频会议系统是由独立单位自己组建的会议电视系统，包括组建专用的传输网络，购买专用的会议电视系统设备，主要在大公司、大企业中组建。其优点是使用时不必提前预约，可随时随地进行电视会议；缺点是一次性投资较大，需要专人维护。

（3）桌面型视频会议系统：桌面型视频会议系统是智能建筑内部采用的多媒体通信会议电视系统。系统基于计算机通信手段，投资少，见效快，使用方便快捷，可以满足办公自动化数据通信和视频多媒体通信的要求。该系统是在计算机上安装多媒体接口卡、图像卡、多媒体应用软件及输入、输出设备，将文本图像显示在屏幕上，双方有关人员可以在屏幕上共同修改文本图表，辅以传真机、书写电话等通信手段，及时把文件资料传送给对方。桌面型视频会议系统不仅具备一般计算机（网络）通信的功能特点，而且具有动态的彩色视频图像、声音文字、数据资料实时双工双向同步传输及交互式通信的功能。同时还具有点对点或多点之间的视频会议、实时在线档案传输、同步传送传真文件和传送带有视频图像及声音的电子邮件、远程遥控对方摄像机的画面位置等特点。

4. 视频会议系统的关键技术

1）H.323协议

H.323是基于TCP/IP网络的视频会议系统的标准协议，它涉及会议终端、多点控制单元、网关、网守、音视频和数据的传输、网络控制、网络接口等方面的内容。H.323协议中采用实时传输协议（RTP）和实时传输控制协议（RTCP）进行音视频数据的实时传输和控制。视频编解码采用H.261、H.263、H.264等标准。音频编解码采用G.711、G.722、G.729等标准。网络层音视频数据的传输都采用用户数据包协议（UDP），并且优先传送音频数据。

2）音视频编解码技术

音视频编解码技术是视频会议系统的关键技术之一，是影响会议效果的重要因素。目前，在国际上有两个负责音视频编码的组织。一个是国际标准化组织下的运动图像专家组（MPEG），另一个是国际电信联合会下的视频编码专家组（VCEG）。VCEG制定的标准有H.261、H.262、H.263、H.264等，其中H.264是为新一代交互视频通信制定的标准。MPEG制定的标准有MPEG-1、MPEG-2、MPEG-4、MPEG-7、MPEG-21，其中MPEG-4是为交互式多媒体通信制定的压缩标准。目前，在视频会议系统中用到的视频编码技术主要有H.261、H.263、H.264、MPEG-2、MPEG-4等，音频编码技术主要有G.711、G.722、G.723、G.728、G.729等。

3）服务质量（QoS）保证技术

视频会议对实时性要求高，对网络的传输延迟、抖动很敏感，因此必须提供QoS保证。由于IP网络执行"best effort"策略，对所有数据一视同仁，而视频会议系统传输的各类数据的重要性不尽相同。例如，少量的视频数据丢失可能影响不大，但认证信息的丢失却会导致整个会议呼叫失败；视频数据包中，序列、宏块头等头信息的丢失会造成序列、宏块的解码失败，而一些宏块的内部信息，如运动矢量，则可以通过相邻宏块恢复得到。

要求QoS的目的是在现有条件下尽可能获得好的效果，例如保证重要的数据优先得到传输，必要时可丢弃一些相对不重要的数据。QoS可在不同的层次上实现，由于IP网络不提供 QoS 保证,因此视频会议系统的 QoS 需要在应用层上实现。应用层的 QoS 保证,如拥塞控制等,需要与编解码器等其他部件配合才能发挥优点。

目前,提高 QoS 已经有了一些比较成熟的方案。资源预留协议(RSVP)工作在 IP 协议上,基本思想是通过对端到端资源的预约来实现端到端的服务质量保证。实时传输协议(RTP)/实时传输控制协议(RTCP)也是 IP 网的实时传输措施之一。RTP 是 UDP 上运行的协议,它对数据进行包封装;RTCP 控制协议与 RTP 数据协议配合使用,它提供对数据传输质量的反馈信息,以便应用信息采取相应的策略与处理。RTP/RTCP 虽然不能保证数据传输的完整性,但利用时间戳的方法可以处理好定时关系,确保传输过程中的数据顺序不被打乱。分类业务服务定义了一种实现 IP 层 QoS 的方法:在对 IP 层所承载的数据进行分类标识的基础上,针对不同类型的数据给予不同的处理策略,在一定程度上实现了不同级别的 QoS 保证。例如,当网络带宽不够时,在声音优先的原则下视频可以被压缩成一个实时传输的小视窗。为此,利用 RTP/RTCP 报告得到关于网络状况的信息,如丢包率、包抖动、延迟,可根据这些信息动态调整图像带宽。当网络状况不好时,可以通知编码器,降低图像带宽,优先保证声音带宽;当网络状况好转时,通知编码器,恢复图像带宽。

4)组播技术

组播技术是一个发送者一次发送数据给多个接收者的技术。与之对应的两个概念是单播(一对一的传输)和广播(一对所有人的传输)。组播技术显而易见的好处是组播可减少数据传输量。

因特网中已经设计了组播方案,并预留了一些 IP 地址作为组播地址。但是由于设备能力、安全等因素,IP 层次上的组播无法在广域网范围内实现。因此,目前比较看好的是应用层组播,本质上是通过多个单播实现组播的效果,但同时引入了诸如动态负载均衡等技术,效果会优于简单的多个单播。

5)信息安全技术

与互联网上的其他业务一样,视频会议系统的信息安全性近来受到了越来越多的关注,尤其是当视频会议用于政府部门和企业商业投资决策时。用于视频会议系统的信息安全技术主要有两大类:

(1)加解扰技术:其目的是防止信息被非法盗用,可用于音视频数据的加密。基本原理是在发送端对要发送的数据加扰,同时在授权的接收端(拥有相应的解密密钥)对接收的数据解扰。加解扰技术可以有很多的变化,如使用三方加解扰体系可对不同的用户授权不同的接收频道。可用会话初始协议分发会话密钥,也可用 RTP 会话配置文件保存会话密钥。为了防止明文攻击,每个消息应加入一次性且不可预测的信息。RTP 报头的时标字段提供了这个机制,而加密 RTCP 报头应在要加密的报文前添加一个随机数。

(2)数字签名技术:该类技术的目的是防止有人伪造和篡改信息,同时也可防止有人对做过的事不认账。数字签名可用在视频会议系统登录的身份认证、数据交互时的数据真实性验证、电子文档会签等场合。

6)跨越防火墙技术

防火墙可以限定进出网络的数据包类型和流量(这种限定可以基于源 IP 地址、目的 IP

地址或端口号等包过滤规则），而基于 IP 的语音和视频通信的 H. 323 协议，要求终端之间使用 IP 地址和数据端口来建立数据通信通道。因此，存在一个两难境地：为了建立数据连接终端，必须随时侦听外来的呼叫，而防火墙却通常被配置成阻止任何不请自到的数据包通过。

7）分布式处理技术

视频会议实现点对点、一点对多点、多点之间的实时同步交互通信。视频会议系统要求不同媒体、不同位置的终端的收发同步协调，多点控制单元（MCU）有效地统一控制，使与会终端数据共享，有效协调各种媒体的同步传输，使系统更具有人性化的信息交流和处理方式。通信、合作、协调正是分布式处理的要求，也是交互式多媒体协同工作系统（CSCW）的基本内涵。因此从这个意义上说，视频会议系统是 CSCW 主要的群件系统之一。

5. 矿山应急救援平台视频会议解决方案

视频会议子系统能够再现现场会议的效果，使国家局、省局与救援队之间能进行自然的、计划好的会议，从而摆脱距离的限制，也避免耗时、费力的旅行。由于现在已进入高清时代，MCU 以及视频会议终端均为高清设备。主流选型可以有两款，一个是宝利通公司的 HDX8000 系列视频会议终端，另一个是腾博公司的 TANDBERG C60 视频会议终端。可根据需要设置 N 个视频会议终端，通过 IP 网络，其中设立主会场一个，配电信级视频会议终端，设立分会场 N－1 个，配专业级视频会议终端。视频会议子系统的组网结构如图 3.20 所示。图 3.21 是宁煤救护总队视频会议组网图，图 3.22 为其视频会议照片。

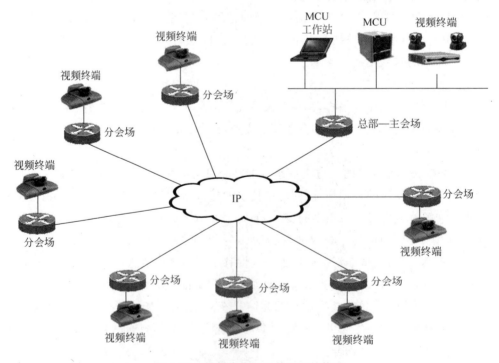

图 3.20 视频会议子系统组网结构图

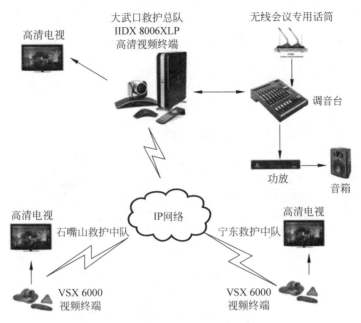

图 3.21 宁煤救护总队视频会议组网图

图 3.22 宁煤救护总队视频会议照片

3.2.3 大屏显示子系统

大屏幕显示不仅仅是一种形象工程、视觉盛宴,其信息量确实比普通显示器要大得多。大屏幕显示数据来源如图 3.23 所示。

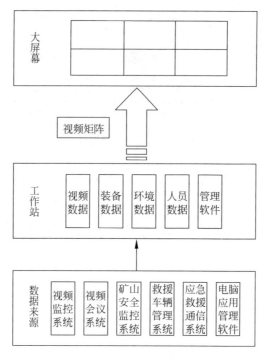

图 3.23　大屏显示子系统数据来源

1. 大屏幕显示技术概述

所谓大屏幕,一般是相对使用环境(居室、大厅、广场等)而言,从对角线 30inch(76cm) 到目前已实现的 2000inch(50m) 不等,并无绝对标准。而且随着时代的进步,屏幕的最大尺寸也将没有上限。本书中所说的大屏幕泛指屏幕尺寸在 $1m^2 \sim 4m^2$ 的显示器,$4m^2$ 以上的屏幕称为超大屏幕。

显示器的大小通常以对角线的长度来衡量,以英寸(inch)为单位(1inch = 2.54cm),表 3.2 列出了大尺寸显示器英寸与厘米的换算关系。

表 3.2　显示器尺寸换算表

英美制(inch)	32	37	40	46	55
公制(cm)	81.28	93.98	101.6	116.84	139.7

大屏幕显示兼有大型、彩色、动画的优势,具有引人注目的效果,信息量也比普通广告牌大得多,作为多媒体终端系统,其作用不可替代。大屏幕显示在应急救援中的直观、灵活、可扩充性、网络技术适用性等优势受到指挥中心的肯定和重视。大屏幕数字拼接板技术可以将各类计算机信号、视频信号在大屏幕数字拼接板上显示,形成一套功能完善、技术先进的信息显示管理控制系统,并且完全可以满足指挥控制中心、调度中心、监控中心、会议中心、竞技场馆、多媒体教室、道路交通信息显示等各个场合实时、多画面显示的需求。

实现大屏幕显示有两种途径:一种途径是采用单元显示器件按矩阵排布,构成大屏幕显示;另一种途径是将直视型或背投式显示器按纵、横矩阵排列,构成多影像(Multi-

Vision)系统,或称电视拼接墙,简称电视墙。

能够实现大屏幕图像显示的技术手段也很多,如 CRT、PDP、LCD、LED、LDT 技术等,主流产品有 DID-LCD、DLP、LED 等。

对大屏显示子系统的主要要求如下:

(1)图像亮度:大屏幕显示中,要求图像要有足够高的亮度。由于所要显示的图像是供许多人观看,如果亮度不高,就可能导致坐在较远距离处的观众看不清楚;反之,屏幕的图像会清晰、层次分明、优美逼真。

(2)保证足够的图像对比度和灰度等级:一般大屏幕显示器应有 30∶1 的对比度。在显示技术中,通常把数字、字母、汉字及特殊的符号统称为字符,而把机械零件、黑白线条、图形称为图形。显示字符、图形、表格曲线时对灰度没有具体要求,只要求有较高的对比度即可,而对图像则要求有一定的灰度等级。灰度级别越多,图像层次越分明,图像越柔和,看起来越舒服。

(3)清晰度:清晰度一般常用分辨力来表示。分辨力越高,大屏幕图像就越清晰。

2. 主动发光型 LED 显示屏

LED(发光二极管)电子显示屏以低功耗、长寿命、高可靠、高亮度、控制灵活等独特的优势而深受用户欢迎,被广泛用于银行、证券所、体育场馆、商场、机场、港口及城市交通控制所等各场所。LED 显示屏已成为当今信息时代的最佳信息显示媒体之一,如图 3.24 所示。

图 3.24 新疆庆华能源集团有限公司皮里青露天矿 LED 视频监控系统

LED 电子显示屏一般具有以下特点:

(1)系统设计模块化:将电路设计按功能划分为不同的模块,模块与模块之间只需要极少的连接,极大地提高了系统的稳定性和可靠性。模块具有良好的通用性、互换性,便于大规模生产、制造、安装、调试、维修、维护。使显示屏的制作更加系统化、标准化。

(2)控制系统技术先进:显示系统的核心部件全部采用超大规模集成电路,系统集成度极高,使控制功能大大增强,且可靠性、安全性、灵活性也大大提高。

（3）显示屏信息可长距离传输：采用 RS-232/422/485 标准接口设计，极大地提高了信息远距离传送的抗干扰能力，使显示屏更易于远距离控制。在无中继条件下，单色屏最大通信距离可达 500m，彩色屏最大通信距离可达 300m。同时，显示屏可抗击 15kV 的静电压冲击。

（4）开放式软件：显示屏采用 Windows 系列操作系统作为应用平台。用户既可以自行编制显示屏播放程序或专用程序，更可随心所欲使用市场上流行的各类优秀的图形、图像、动画、视频制作软件来任意编排、制作、播出节目，真正实现了开放式软件结构。

（5）可视性好、寿命长：LED 发光管管芯发光亮度高、色彩鲜艳、视角宽、无拉丝闪烁现象，且使用寿命长，大于 10 万小时。

（6）安装使用简便：采用标准化模块显示单元，可根据应用要求任意组装成所需的尺寸，便于使用、安装和维护。

（7）显示方式多样化：可根据应用要求，实现对各类图案的上下移动、左右移动、横开纵开、瀑布现实、快速切换（图文、动画、视频播放）等多种控制方式。

选用 LED 电子显示屏的主要依据如下：

（1）显示信息类型：图形文字、动画视频等。

（2）显示信息方式：瞬间、展开、滚动、项次等近 20 种方式。

（3）发光点阵类型：ϕ5mm、ϕ3.7mm。

（4）发光点阵颜色：单红或红绿双基色或全彩色。

（5）信息发送方式：微机 RS-232/422/485 接口发送、VGA 同步。

目前，我国的 LED 大屏幕显示器的研制也进入到新的阶段，全彩色大屏幕 LED 显示屏的制造技术已接近世界先进水平，并按照全天候、远距离、全彩色的要求稳步发展。

3. 背投式 DLP 显示屏

数字光处理（Digital Light Procession，DLP）技术是采用全数字技术处理图像，依靠与分辨率一样数量的数字微镜元件（Digital Micromirror Device，DMD）反射光产生完整的图像。目前 DLP 拼接显示技术已占据了市场的主导地位，同时也比较符合指挥控制中心、调度中心、监控中心用户的使用需求，适合 24 小时×365 天不间断工作的要求。

由 DLP 单元组成的大屏显示子系统如图 3.25 所示，它主要由控制与组合显示屏两大部分组成：其中控制部分关键设备有可编程中央控制系统、大屏幕拼接处理器、音视频切换器和计算机信号切换器等；组合显示屏部分由多个普通背投式 DLP 组成，接收大屏幕拼接处理器输出的 NTSC（National Television Standards Committee，（美国）国家电视标准委员会）制全电视信号和 S-Video（Y+C）信号，共同显示一个大的 HDTV 图像。

HDTV 多媒体大屏幕显示墙的电路主要由四部分组成：普通电视输入变换部分、计算机信号输入变换部分、LVDS 电平转换电路、HDTV 信号分割器。HDTV 信号分割器的输入信号来自三处：一是 NTSC 制或 PAL 制彩色电视信号，此信号经数字解码器变换为数字电视信号，再经逐行扫描转换模块将其转换为逐行扫描格式，经 LVDS 电平转换电路送至 HDTV 信号分割器；二是计算机输出的 VGA、SVGA 等信号，先将其转换为数字信号，再经专用芯片变换成 1920×1080 格式，经 LVDS 电平转换电路送至 HDTV 信号分割器；三是机顶盒接收的 HDTV 信号，经 LVDS 电平转换电路送至 HDTV 信号分割器，分割器根

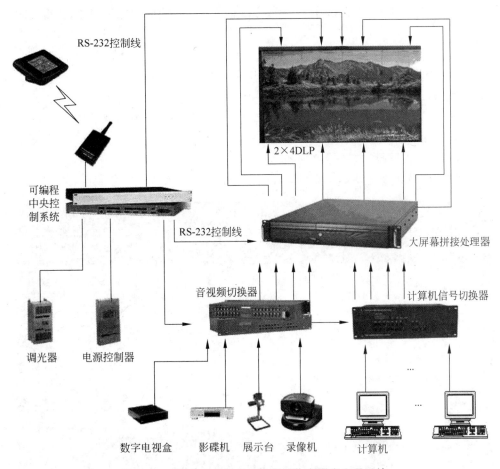

RS-232控制线

2×4DLP

可编程中央控制系统

RS-232控制线

大屏幕拼接处理器

音视频切换器

计算机信号切换器

调光器   电源控制器

数字电视盒   影碟机   展示台   录像机   计算机

图 3.25   由 DLP 单元组成的多媒体大屏显示子系统

据需要选择某一种方式将信号分割处理后送至组合屏显示墙。

4. DID-LCD 大屏幕显示子系统

1) 窄边液晶显示单元

窄边液晶显示单元采用 DID(Digital Information Display)面板技术。DID 面板具有以下优点:

(1) 一般来说,电视或电脑所用液晶屏的亮度只有 $250 \sim 300 \mathrm{cd/m^2}$,而采用 DID 面板的液晶屏幕亮度则高达 $700 \mathrm{cd/m^2}$。采用 DID 面板的专业液晶显示器即使是在户外的强光照射下显示的画面也很清晰。

(2) DID 面板具有 1000/1200:1 的超高对比度,比传统电脑或电视液晶屏要高出一倍,是一般背投的三倍,这将大大增强色彩表现力,从而保证画面层次的理想呈现,创造引人注目的靓丽画质。

(3) DID 面板边框窄,顶边/左边宽度为 4.3mm,底边/右边宽度为 2.4mm。

(4) DID-LCD 液晶显示单元厚度仅有 13cm,可以嵌入到墙体。DLP 单元厚度最少在 80cm 以上,而 DID-LCD 液晶显示单元的厚度只有 DLP 单元的三分之一。

（5）DID 面板提供 8ms 极速响应时间,可以有效地消除画面的拖尾现象,使得动画更加流畅。

（6）DID-LCD 液晶显示单元拥有双方向 178°超宽广视角。

（7）DID-LCD 液晶显示单元平均无故障时间（MTBF）长达 50 000 小时。

（8）DID-LCD 液晶显示单元实现 1920×1080 高清分辨率。

（9）DID-LCD 大屏幕拼接屏内置的图像放大处理器支持各种视频墙规格——从 1×1～5×5 之间的各种规格。可以单独显示 1～25 路画面,也可以全屏显示一幅高分辨率图像。

2）DID-LCD 大屏幕拼接屏方案

图 3.26 为平顶山煤业集团一矿的 DID-LCD 拼接大屏照片。

图 3.26 平煤一矿的 DID-LCD 拼接大屏

DID-LCD 大屏幕拼接屏方案主要包括以下组件：460UT 窄边显示屏 15 块,16×16＝256 路视频矩阵 1 台,显示屏安装架,控制工控机 1 台,三星 MDC 控制软件。

目前 460UT 拼接单元的尺寸：长 1025.7mm,宽 579.8mm,厚 130mm。可以计算出该拼接显示墙的尺寸为 45128.7mm×1739.4mm（如图 3.27 所示）。

DID-LCD 大屏幕拼接屏主要设备包括窄边 DID 显示单元、三星 LFD 显示器、拼接控制器 1 台、视频矩阵 1 台、VGA 矩阵 1 台、控制电脑 1 台、专用拼接控制软件 1 套、单色 LED 屏一套、LED 控制软件一套、电视墙安装架、线材等。

DID-LCD 大屏显示子系统结构如图 3.28 所示,由 DID-LCD 组成的 3×5 大屏在屏幕管理软件的管理下可以形成一套拼接画面显示,既可显示 4 路视频信号,又可整屏显示 1 路视频信号。可以在显示计算机信号源信号的同时,如集控系统信号,在两边两列屏幕上单独显示 12 路监视画面。在电视墙上方配置 35cm 高单色 LED 屏。

借助内置的 RS232C 接口,一台计算机可以控制多台显示器。只需要按照厂家提供的

图 3.27 460UT 3 行×5 列大屏幕拼接墙

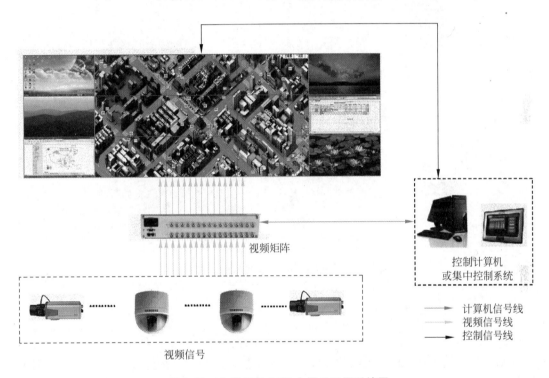

图 3.28 全墙 DID-LCD 大屏显示子系统图

MDC 软件,选择要控制的设备,然后单击相应的显示功能,就可以实现多重控制,如图 3.29 所示。

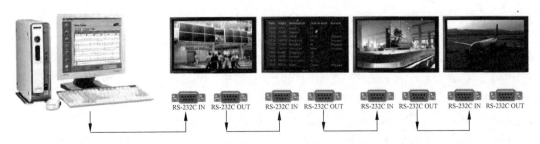

图 3.29 RS232 线通过 PC 与屏幕墙进行串联接线示意图

3.2.4 救援车辆管理子系统

救援车辆管理子系统是将 GSM/GPRS 网络的数据通信和数据传送功能与 GPS 全球卫星定位系统以及 GIS 地理信息系统相结合的高科技产品,主要由客户端、车载终端、GSM/GPRS 网络和辅助子系统四部分组成,救援车辆管理子系统组成示意图如图 3.30 所示。在监控中心电子地图上可以实时地显示救援车辆的当前精确位置以及运行轨迹,从而方便地实现对救援车辆的调度、监控、指挥等功能,同时也可以通过 GPRS 无线通信网络向指定的车载台发送控制指令,实现对车辆的信息查询服务和远程控制。

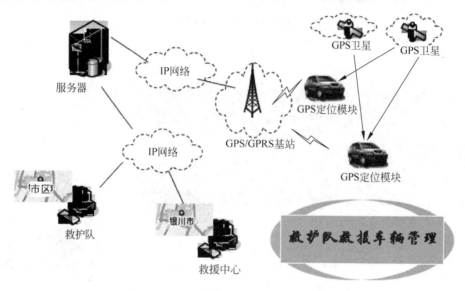

图 3.30 救援车辆管理子系统组成示意图

1. 救援车辆管理子系统相关技术说明

(1) GPS(Global Positioning System)卫星定位技术:随着现代科学技术的发展建立起来的一个高精度、全天候和全球性的无线电导航定位、定时的多功能系统。它利用位于距地球 2 万多公里高的、由 24 颗人造卫星组成的卫星网,向地球不断发射定位信号。地球上的任何一个 GPS 接收机,均能接收到四颗以上的卫星发出的信号,经过计算后,就可报出 GPS 接收机的位置(经度、纬度、高度)、时间和运动状态(速度、航向)。

(2) GPRS 移动通信系统(Global System for Mobile):是目前国内覆盖最广、系统可靠性最高、话机保有量最大的数字移动通信系统。GPRS 是通用分组无线业务(General Packet Radio Service)的英文简称,是在现有 GSM 系统上发展出来的一种新的数据承载业务。GPRS 具有很好的信号覆盖,GPRS 理论带宽可达 171.2Kb/s,实际应用带宽下行大约在 40～150Kb/s,上行大于等于 17.2Kb/s。可以用于 Internet 连接、数据传输等。GPRS 业务具有接入迅速、永远在线、按流量计费的特点,所以在远程突发性数据实时传输中有不可比拟的优势,特别适合于频发小数据量的实时传输。

(3) 地理信息系统 GIS(Geographical Information System):是近些年来迅速发展起来

的一门新兴技术。它作为制图学、计算机地理、遥感、统计、测绘、通讯、规划和管理多种学科交叉运用的产物而被广泛运用在各个领域。在 GPS/GSM 多功能车辆跟踪服务系统中,主要用于对地图的显示和管理以及对受监控的移动目标位置的显示。

(4) 计算机数据处理技术：在 GPRS 多功能移动定位服务系统中,主要采用了数据库技术、数据检索技术、局域网和广域网技术、多媒体技术以及计算机远程控制操作等多项计算机相关技术。

为实现救援车辆智能化管理的要求,确保救援队车辆拥有完善的办公自动化能力和现代化综合管理水平,必须建立一套安全可靠、技术先进、功能完善、经济实用的办公自动化和安全防范保障系统。此系统使救援队对作业现场突发事件有快速反应,并且可以通过简单的操作进行各种处理,以达到工作高效、信息互通的目的；通过此系统,监控中心可以对救援车辆进行全程的信息化管理,时时掌握救援车辆和救护人员的情况。

2. 救援车辆管理子系统技术方案

救援车辆管理子系统是将 GSM/GPRS 网络的数据通信和数据传送功能与 GPS 全球卫星定位系统以及 GIS 地理信息系统相结合的高科技产品,主要由客户端、车载终端、GSM/GPRS 网络和辅助子系统四部分组成,救援车辆管理子系统组成示意图如图 3.31 所示。

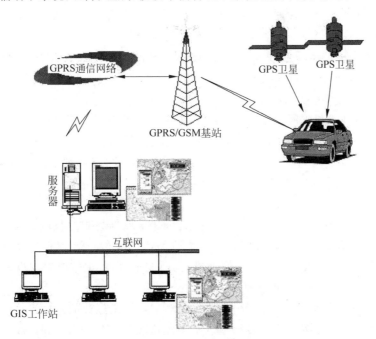

图 3.31 救援车辆管理子系统示意图

(1) 客户端：将救援车辆管理子系统管理软件安装在客户端,通过计算机对整个系统进行控制。客户端通过 GPRS 网络或 Internet 网络发送控制命令和接收来自车辆的各种数据,利用 GIS 电子地图管理软件,在 Windows 环境下显示车辆的准确位置。客户端端口均有独立的密码设置,如果需要查询救援车辆的位置,均可通过网络进行查询。基于 C/S＋B/S 架构,客户端设在指定位置,数量可定为 N 个,比如救援队、煤业公司等。救援队通过互联网可以随时、实时查阅救援车辆的准确位置信息,并且可以实施调度命令。服务器具有固定 IP 地址。GPRS 移动终端登录 GPRS 网络后,建立访问 Internet 的通道。然后,GPRS 移动终端连接到中心 GPRS 接入服务器,GPRS 接入服务器登记移动客户端的连接信息。至此,GPRS 移动终端设备和监控调度中心就可以相互发送数据信息了。

(2)车载终端:车载终端包括导航仪和定位仪,由 GPS 车载卫星定位单元、车载控制单元、GPRS 无线数传单元、车载显示单元和电源管理模块等部分组成。每辆救援车均需安装车载终端。通过车载终端,利用 GPS 全球卫星定位系统测定车辆的地理位置,并将车辆的位置信息发送到客户端的调度值班室,调度值班室可以随时掌握车辆的位置信息,驾驶员也可以随时了解导航信息。

(3)GSM/GPRS 网络:救援车辆管理子系统通过覆盖全国的 GSM/GPRS 网络传送车辆和监控中心之间的定位数据和控制命令。

(4)辅助子系统:可根据各单位的实际需求,将救援车辆管理子系统并入到单位总管理系统中,如电子沙盘、监视子系统等,并且可以在大屏幕上显示。

3. 救援车辆管理子系统功能

1)救援车辆指挥、调度功能

管理平台采用 B/S 结构,具有上网功能的计算机都可以进入系统进行管理操作。

根据用户权限的不同,管理的功能也不尽相同。总队用户可以监管所有下属中队车辆的状况,下属中队用户只能查看属于本单位车辆的状况。

系统可根据不同的救援任务设计不同的路线,编制不同的出车计划,并准确定位司机、车辆每到一处的时间,进而可以有效地评估司机、车辆的工作状况。

2)车辆定位、管理功能

大队调度中心可随时对车辆进行定位,平均误差小于 10m。调度中心可以根据管理需要,设定定位的间隔。跟踪车辆、救援车辆将按照调度室设置的时间间隔自动回复车辆的位置、行驶速度、运行方向、时间等信息,并且调度中心的地图上将详细地记载车辆的行驶路线及车辆状态。车辆的定位和管理 24 小时不间断地进行。

3)救援车辆统计功能

系统可对每部车辆的运行状态数据进行分析,并把数据直观地反映到全国电子矢量地图上。通过对记录数据的处理,可以及时、清楚地了解每辆车的整个工作活动情况。同时,在收到记录数据后,管理人员也可以方便地进行查询、汇总,根据需要生成报表进行打印、保存等,如图 3.32 所示。统计数据包括:

(1)日期时间:在地图上可以标出具体日期时间段内所经过的路段;

(2)行驶速度:在地图上可以显示经过某一段路或某个时刻的行驶速度;

(3)开车时间:在地图上可以显示车辆启动时的具体位置和时间;

(4)行驶时间:在地图上可以显示车辆的行驶时间段;

(5)停车时间:在地图上可以显示在具体位置车辆的停车时间以及停车的时间段;

(6)停车地点:在地图上可以清晰地显示行车全程的所有停车地点;

(7)行驶路段:在地图上可以完全清晰地显示车辆的全程行车轨迹。

4)地图标注功能

随着矿山及道路的建设,一些新的关键地点及线路需要及时地在地图上标注出来,本系

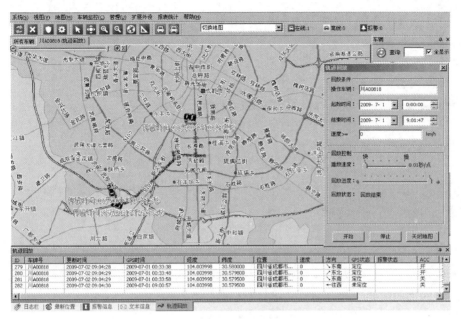

图 3.32 救援车辆统计功能界面

统可以方便地为用户添加地图标注,以适应日新月异的地图信息。

5) 语音紧急通信及广播功能

通过车载终端内置的送/受话器,紧急情况下调度人员可采取广播方式通知司机,并可呼叫车载终端,与车载终端建立双向语音通信。

监控中心可以通过语音播报功能群发语音信息,实现喊话广播的效果;调度功能是指监控中心可以发布文字信息,如书面通知等,司机可用显示屏回复内置的信息。

6) 报警功能

在司机按下报警按钮或救援车辆超出预设的范围的情况下,车载终端能自动向预设的电话号码发送短信息,并且在必要的情况下拨打报警电话,以便更好地保护司机的人身安全。监控违章报警包括:

(1) 线路报警:车辆超出预先规划好的线路时车载终端进行报警;

(2) 围栏报警:车辆超出规定行车范围时车载终端进行报警;

(3) 紧急报警:驾驶员在遇到危险时按下报警开关进行报警,监控中心必须通过人工干预才能取消;

(4) 超速报警:车辆超过公司设置的速度阈值时车载终端会上传报警信息,车辆上也会有声光提示;

(5) 自定义报警:支持1~2路自定义报警,如卸料时报警,此时车辆要接检测开关。

7) 车辆违规管理功能

针对公车私用的违规情况,系统提供如下违规车辆管理功能:

(1) 违章超速度行驶:监控中心可以远程设置、修改任何车辆的最高或最低的行驶速度值,当车辆违反规定行驶时自动向监控中心报警,监控中心可以查询、统计任何车辆在任意时间段内的违章行驶次数、时间、位置、当时的行驶速度等。

(2) 停车超时报警:当车辆重载时,停车超过系统规定的时间,将产生停车超时报警。

中心可以查询、统计任何车辆在任意时间段内的停车超时次数、时间、位置等。

8）车辆定位追踪、多车同时追踪功能

（1）立即定位：也称点名定位，查询车辆当前时间的位置；

（2）最后位置：查询车辆主动上传的最新位置；

（3）车辆跟踪：对车辆进行连续定位，并在地图上画出轨迹；

（4）多车追踪：在新开窗口实现对多车同时进行追踪和比较。

9）支持多种地图格式功能

（1）支持标准的 MapInfo 地图；

（2）支持 Google Map 的卫星地形图、平面标注地图和混合标注地图，并且可以在 Google Map 地图上直接显示车辆的位置。

10）电子围栏功能

（1）行车范围：车辆有规定的营运范围；

（2）电子围栏：把行驶范围转换成电子围栏，支持矩形、圆形等区域。

11）车辆远程设置功能

（1）设置查询：查询设备内部设置的 GPS 参数；

（2）远程重启：可以远程控制设备重新启动，排除故障；

（3）远程改 IP：服务器因故更换时可远程修改车辆的设置。

3.2.5 紧急广播与背景音乐子系统

1. 紧急广播与背景音乐子系统概述

基于救援队接到报警后需要紧急出动的情况，需要设置紧急广播与背景音乐子系统，其包括两部分：紧急出警广播和公共区域的背景音乐。

1）紧急出警广播（Emergency Broadcast）

紧急出警广播是为应对突发公共事件而发布的广播。突发公共事件（Public Emergency）是指：突然发生，造成或者可能造成重大人员伤亡、财产损失、生态环境破坏和严重社会危害，危及公共安全的紧急事件。包括自然灾害、事故灾难、公共卫生事件及社会安全事件，如火警、地震、重大疫情传播和恐怖袭击等。

在国标《火灾自动报警系统设计规范》中，对应的广播系统名称为火灾应急广播，其与国标《公共广播系统工程技术规范》中的紧急广播类似。不过在设计时仍需要区别对待，要针对广播系统的应用选择适用的标准，显然紧急广播的概念要大于火灾应急广播的概念。

在公共广播系统中，紧急出警广播具有绝对的优先权。它的信号所到的扬声器应无条件畅通无阻，包括切断所有其他广播和音控器，相应区域内的所有扬声器应全功率工作。当紧急出警广播向公共广播系统发出二次确认后的报警区域信号时，公共广播系统将不做任何单独确认的执行该信号，并自动实现 N+1 功能，同时自动启动已录好的广播信息或人工播放事故广播。另外，分区控制器应还具有手动切换和全切两种功能，供用户根据应急救援的实际需要做相应的安排。

紧急广播是在有事故发生时启用的系统，所以它跟人身的安全有密切的关系，因而紧急出警广播有以下特点：

（1）紧急广播的报警信号在系统中具有最高优先权，可对背景音乐和呼叫找人等状态具有切断功能；

（2）便于报警值班人员操作；

（3）传输电缆和扬声器具有防火特性；

（4）在交流电断电的情况下也可以保证报警广播的实施；

（5）符合紧急用广播设备的技术标准：由于事故救灾具有突发性，这就要求紧急广播系统能够准确、迅速地进行疏导广播，其紧急广播设备是严格按照技术标准设计的，所采用的零部件是符合技术标准的。

运用声音的报警是指无论是自动（比如与火灾报警系统联动）还是手动的情况下，都能由DVAS发出声音警报，此声音警报是由旋律音和语音组成的三阶段（火灾警报联动广播、火灾广播、非火灾广播）自动广播。功能设定为：在公共部分平时播放背景音乐；在紧急情况下，其相关区域进行紧急广播，其他公共区域可不受影响的播放背景音乐；消防状态下，该系统完全按消防规范的要求进行强制切换和分区广播。紧急广播优先功能是指火灾发生时，能在消防控制室将火灾疏散层的扬声器强制转入紧急广播状态。消防控制室能显示紧急广播的楼层，并能实现自动播音和手动播音两种方式的切换。

2）公共广播

《公共广播系统工程技术规范》中给出了公共广播系统的详细定义，即公共广播（Public Address，简写PA）是由使用单位自行管理的，在本单位范围内为公众服务的声音广播，包括了业务广播、背景广播和紧急广播。而公共广播系统（Public Address System）是指为公共广播覆盖区服务的所有公共广播设备、设施及公共广播覆盖区的声学环境所形成的一个有机整体。

公共广播系统属于扩声音响系统中的一个分支，而扩声音响系统又称专业音响系统，是一门涉及电声、建声和乐声三种学科的边缘学科。所以公共广播系统的最终效果是合理、正确的电声系统设计和调试，良好的声音传播环境（建声条件）和精确的现场调音三者最佳的结合，三者相辅相成缺一不可。

公共广播作为一个系统，在系统设计中必须综合考虑上述问题。在选择性能良好的电声设备基础上，通过周密的系统设计、合理的系统调试，在良好的建声条件下，达到电声悦耳、自然的音响效果。

公共广播系统设备包括带卡座的音源、带前置定压输出的广播扩声机、前置放大器、节目定时器、音柱、壁挂音箱、麦克风、音量控制器及选择开关等单元。优秀的公共广播系统必须满足以下几方面的要求：

（1）音质清晰：能使收听范围内所有的公众清楚地接收到信息；

（2）叠加性强：不同的功率组合使系统更完善；

（3）多音源输入：使背景音乐和信息更加多样化；

（4）配置灵活：多样的系统组成带来最理想的效果；

（5）保护功能完善：使系统更保险、更安全；

（6）超长距离传输：满足个别用户的特殊需求。

公共广播系统的主要作用是掩盖噪声并创造一种轻松和谐的气氛。因为音量较小，听的人若不专心听,就不能辨别其声源位置,播放声音是一种能创造轻松愉快环境气氛的音乐。因此,公共广播的效果有两个,一是掩盖环境噪声,二是创造与室内环境相适应的气氛,它在宾馆、酒店、餐厅、商场、医院、办公楼等场所被广泛地应用。乐曲应是优美、舒缓的,强烈动感的乐曲是不适宜的。

公共广播不是立体声,而是单声道音乐,这是因为立体声要求能分辨出声源方位,并要有纵深感,而背景音乐则是不专心听就意识不到声音从何处来,并不希望被人感觉出声源的位置,甚至要求把声源隐藏起来,而且音量要较轻,以不影响两人对面讲话为原则。

3) 业务广播(Business Announcement)

公共广播系统向其服务区播送的、需要被全部或部分听众认知的日常广播,包括发布通知、新闻、信息、语声文件、寻呼、报时等。

4) 背景音乐(Background Broadcast)

背景广播系统也经常被称为背景音乐系统。公共广播系统向其服务区播送的、旨在渲染环境气氛的广播,包括背景音乐和各种场合的背景音响(包括环境模拟声)等。

优美、舒缓的音乐会带给人们精神上的快感,可以起到放松紧张的心情和消除疲乏的作用。在公共区域设置背景音乐,最早开始于星级酒店,背景音乐用以创造舒适、和谐的氛围。随着人们文化素质的不断提高和思想意识的不断更新,现在对于公共区域背景音乐的使用已不再局限于大型的饭店及宾馆了,它已经被广泛地使用于所有的现代化建筑中。不同的使用地点,背景音乐要根据投资方的要求和场地具体功用作相应的改变。

背景音乐主要用于掩盖噪声并创造一种轻松和谐的听觉气氛,由于扬声器均匀分布,无明显声源方向性,且音量适宜,不影响人们正常交谈,是优化环境的重要手段之一。背景音乐通常由磁带机、镭射机、调谐器等音源提供,在经过放大后输送到广播区域扬声器,实现音乐播放。背景音乐是单声道音乐,使人们不易感觉音源位置。

设计一套好的背景音乐系统,应由专门的技术人员根据设计师的最初意愿和投资方所选用的具体设备进行二次设计。投资方在选用设备时,应根据资金情况尽量选用性能稳定、使用寿命长的设备。

2. 紧急广播与背景音乐子系统设计原则

1) 紧急广播与背景音乐子系统的组成

紧急广播与背景音乐子系统由背景音源、智能型遥控话筒、系统管理主机、广播系统管理计算机、系统音频输入输出单元、功率放大器、功率放大器输入模块、功放热备份、监听面板(其监测喇叭线路的短路和开路,并可检测接地故障)、扬声器以及电源设备等组成。子系统可实现人工播音、自动播音、半自动播音。

广播音源包括 DVD、录音机、话筒、电脑输入等。系统可随时播放预先录制的高质量背景音乐。用户可以人工控制播放公共广播,也可以通过主机内的时钟定时器定时启动播放。

广播可根据各区的功能特点,通过控制主机从公共广播音源中任意选择适合本区的内容,也可以实现各区同时播放不同的节目,并通过控制主机将音量调整到合适的水平,输出至相应功放。广播的优先级顺序由控制主机预先设定。而对于一些独立的区域,如办公区、餐厅、宿舍等,可设计安装音量控制器,使用户在本地也可以对背景音乐音量进行控制。

2) 紧急广播/公共广播切换

紧急广播/公共广播切换采用矩阵控制方法,通过编程实现指定几路输出组合接受紧急广播信号。选用微机控制,并留有一定的扩充余地。具有输出线路检测功能,任何一路广播线路短路或断线时均可迅速显示故障,也可以手动控制,实现特定区域的切换。

切换形式包括:电子优先线路的切换方法、开关式的强切换方法和手动切换。

(1)电子优先线路的切换:采用这种具有优先插口的设备进行切换是很方便的。特别是在楼层不高、功能简单的场所里,只实现背景音乐与紧急报警广播的切换,电子优先线路的切换是很常见的切换方式。这种带有优先插口功能的设备,绝大部分专业的公共广播设备都有配备。因国内外厂家的设备设计思路不同,有的优先口设计在前置放大器上,有的设计在末级的功率放大器或合并式放大器的信号输入端。还有的厂家专门设计了信号优先级不同的输出选择器,这种设备有4个独立的信号通道,每个通道根据紧急情况,按1到4的优先次序输出,从而可以解决形式多样的信号插入与切换的工作。但是,如果信号插入的形式很多,而且切换的要求复杂,那么单纯采用优先口进行切换是满足不了要求的。

(2)开关式的强切换:利用继电器的常开、常闭触点来实现切换。一般地讲,背景音乐信号经由继电器的常闭触点传输,而当需要紧急报警广播的时候,继电器在接到指令后工作,常开触点接入紧急报警广播。这种方式是任何一种切换方式都离不开的。为了满足不同情况下的切换方式,复杂一点的项目均采用电子优先线路切换和开关式强切换这两种切换方式共用的方法,以完成复杂的切换要求。

(3)手动切换:每一个系统中都不可缺少的一种切换方式,手动切换是指在规定的自动切换模式下需要对其他的楼层或区域进行广播时,实施手动选择切换。

切换方式分为全切和相关分区的切换两种。

(1)全切:当任何一个分区出现紧急情况时,系统应向事故分区与相邻分区实施紧急报警广播。这时,其他的分区不进行紧急报警广播,但是停止播放正常的背景音乐,处于哑音状态。这种切换的方式称为全切,其形式是将背景音乐和紧急报警广播信号源的低电平信号与相应报警分区功放前的信号同时切换。这种方式下设备中的信号源共有两套,功率放大器、扬声器等其他中间设备都是兼容的,但功率放大器的信号输入端需带有优先口输入。

(2)相关分区的切换:这种方式与全切方式的不同点就在于,在遇到紧急情况时,紧急报警广播只向事故分区与相邻分区切换广播,而其他分区在不需要特殊要求广播的情况下,照常播放背景音乐。这种方式中主要的设备(包括信号源、前置放大器、功率放大器)基本上有两套,即一套设备适用于背景音乐的播放,一套设备适用于紧急报警广播,系统中的扬声器是共用的。但是对比来讲,紧急报警广播设备用得较少。相关分区的切换其原理是通过消防设备的控制模块联动事故区以及相邻区的设备,将紧急报警广播设备启动并完成模式切换,向相关的分区实施紧急报警广播。

另外,在系统设计的时候,每个分区安装一台功率放大器(这种方式适合每个分区面积较大的情况,并且要求所安装的扬声器数量与功率放大器的功率相适应)。此时,既可满足共用一套主要设备的兼容方式,还可以实现不需要紧急报警广播的分区依然播放背景音乐。其切换原理为:通过消防设备联动相关分区的控制模块,使紧急报警广播的信号切换到相关分区功率放大器的输入端(利用优先输入插口或用继电器长开触点),由此完成切换的工作。

在背景音乐与紧急报警广播的切换过程中,关键的问题是控制相应的设备。无论是采用背景音乐子系统内部配接的紧急报警切换设备,还是利用消防控制设备的模块进行切换,其所要控制的设备完成的工作包括:当背景音乐系统处在夜间或节假日的关闭状态时,设备的电源系统在接到消防控制信号后,自动将已经关闭的电源打开并向系统供电,使系统恢复工作状态；向紧急报警广播信号源发出联动指令,使其能够向系统传输紧急报警广播信号；切换事故分区及相邻分区的信号通道。

3) 故障监察、监听系统

系统中的主机自带故障检测系统,检测主机工作状态以保证系统的正常运行；系统可以实时检测放大器、扬声器线路的短路或断路并报警,同时存储故障信息。系统配置有备用功放,以便在故障发生时,备用的功放可以继续工作；中央设备中配备有具有选择开关的监听设备；系统设备之间的连线采用冗余总线结构,这样在某处电缆出现故障时仍能保证设备正常工作,并指出故障的位置。

4) 广播分区

一个公共广播系统通常划分成若干个区域,由管理人员（或预编程序）决定哪些区域须分布广播、哪些区域须暂停广播、哪些区域须插入紧急广播等。

3. 紧急广播与背景音乐子系统

紧急广播与背景音乐子系统把救援队的基地划分成办公、训练、宿舍、餐饮等 N 个广播区域。公共广播可按照使用功能决定播放种类,并通过编程来实现。子系统同时设有带强切功能的音量控制器,在全区域提供紧急广播。紧急广播采用 N＋1 形式,声压达到 90dB。紧急广播与背景音乐子系统拓扑结构示意图如图 3.33 所示。

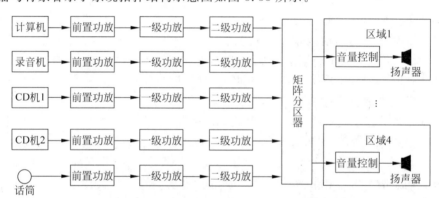

图 3.33　紧急广播与背景音乐子系统拓扑结构

紧急广播与背景音乐子系统主要由音源、信号放大和处理设备、扩音设备三大部分组成。

（1）节目源：通常由调谐器（收音头）、CD 机和卡座等设备提供,此外还有传声器、电子乐器等。

（2）信号放大和处理设备：包括调音台、前置放大器、功率放大器和各种控制器及音响加工设备等。这部分设备的首要任务是信号放大,其次是信号的选择,调音台和前置放大器的作用和地位相似（当然调音台的功能和性能指标更高）,它们的基本功能是完成信号的选择和前置放大,此外还担负着对音量和音响效果进行各种调整和控制。有时为了更好地进行频率均衡和音色美化,还另外投入均衡器。这部分是整个广播音响系统的控制中心。功率放大器的作用是实现功率放大,它将前置放大器或调音台送来的信号进行功率放大,放大的信号通过传输线推动扬声器放声。

（3）传输线路：传输线路虽然简单,但随着系统和传输方式的不同而有不同的要求。对于礼堂、剧场等,由于功率放大器与扬声器的距离不远,一般采用低阻大电流的直接馈送方式,传输线要求用专用的喇叭线;而对公共广播系统,由于服务区域广、距离长,为了减少传输线路引起的损耗,往往采用高压传输的方式,由于传输电流小,所以对传输线要求不高。

(4) 扬声器系统:扬声器系统要求整个工程项目系统要匹配,同时其分布要与环境协调。礼堂、剧场、歌舞厅对音量和音质的要求高,所以扬声器一般用大功率音箱(几十至几百瓦),如 3W~6W 的天花喇叭;而公共广播系统,由于它对音量和音质的要求不高,所以大多采用几瓦的小功率扬声器系统。由于公共广播的传输距离远、损耗大,通常要求扬声器系统的灵敏度要足够高。灵敏度是衡量音箱效率的一个指标,它与音箱的音质、音色无关。普通音箱的灵敏度一般在 85~90dB 之间,高档音箱则在 100dB 以上。灵敏度的提高是以增加失真度为代价的,所以对于高保真音箱,要保证音色的还原程度与再现能力就必须降低一些对灵敏度的要求。所以不能认为灵敏度高的音箱音质一定不好,也不能认为低灵敏度的音箱一定就好。紧急广播与背景音乐子系统的结构如图 3.34 所示。

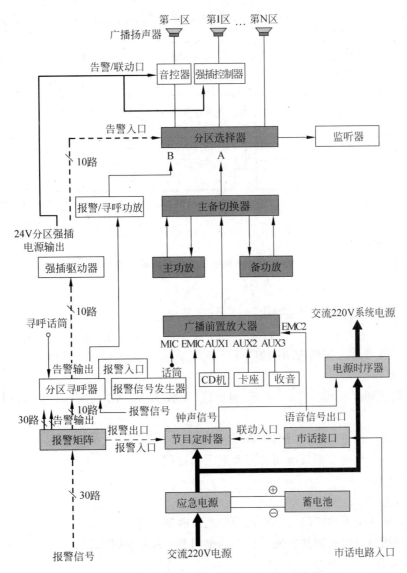

图 3.34 紧急广播与背景音乐子系统的结构

3.3 救援队伍管理系统

救援队伍管理系统是对救援组织进行管理的系统,包括单位管理、人员管理、专家管理、医疗队伍管理、统计管理以及救援队网站等。图 3.35 为救援队伍管理系统的结构。

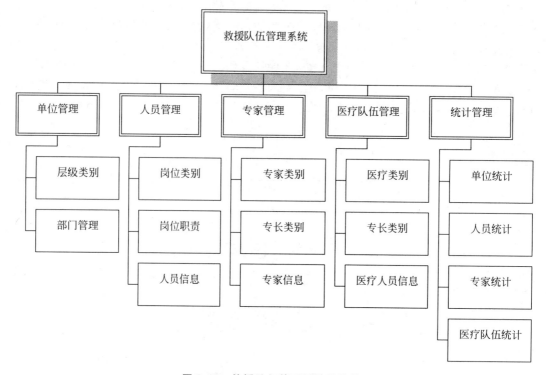

图 3.35 救援队伍管理系统的结构

3.3.1 救援队伍管理系统结构

救援队伍管理系统各模块功能如下:

1) 单位管理

按照层级类别(国家级、省级、矿级)对单位(大队、中队、小队)进行分类管理。具体的功能包括:

(1) 对救援单位进行增加、删除、修改和浏览;

(2) 当前用户只能管理其所属部门和其下属部门。

2) 部门管理

具体功能包括:

(1) 对救援单位下的部门进行增加、删除、修改和浏览;

(2) 当前用户只能管理其所属单位下的部门和下属单位的部门。

3) 人员管理

按照层级类别(国家级、省级、矿级)对单位(大队、中队、小队)的人员进行管理。具体的

功能包括:

(1) 对岗位类别进行增加、删除、修改和查询;

(2) 对岗位职责进行增加、删除、修改和查询;

(3) 对人员信息进行增加、删除、修改和查询;

(4) 统计分析人员的性别(男女)比例、年龄比例、学历比例、职称比例、专业比例和工作年限比例(图);

(5) 统计分析男女人数、年龄层次人数、学历层次人数、职称人数、专业人数和工作年限人数。

4) 专家管理

按照层级类别(国家级、省级、矿级)对单位(大队、中队、小队)的专家进行管理。具体功能包括:

(1) 对专家类别进行增加、删除、修改和查询;

(2) 对专长类别进行增加、删除、修改和查询;

(3) 对专家信息进行增加、删除、修改和查询;

(4) 统计分析专家的年龄比例、学历比例、职称比例和专业比例(图);

(5) 统计分析年龄人数、学历人数、职称人数和专业人数;

(6) 专家评定优良中的比例,优良中的次数,事故类型比例和次数,事故等级类型比例和次数。

5) 医疗队伍管理

按照层级类别(国家级、省级、矿级)对单位(大队、中队、小队)的医疗队伍进行管理。具体功能包括:

(1) 对医疗类别进行增加、删除、修改和查询;

(2) 对专长类别进行增加、删除、修改和查询;

(3) 对医疗人员信息进行增加、删除、修改和查询;

(4) 统计分析医疗人员的年龄比例、学历比例、职称比例和专业比例(图);

(5) 统计分析年龄人数,学历人数,职称人数,专业人数;

(6) 医疗人员评定优良中的比例,优良中的次数,事故类型比例和次数,事故等级类型比例和次数。

6) 统计管理

基于 GIS 按照层级类别(国家级、省级、矿级)对单位(大队、中队、小队)信息进行统计管理,对数据进行形象展示,以便于管理人员使用。统计资料是统计工作的初步成果,发布统计信息是展示统计成果,是实现统计管理的重要步骤。目前,统计管理对统计信息的处理大多仅停留在以条块结合的方式进行分析的阶段,很难对不规则区域的跨行业数据进行统计分析。基于 GIS 把统计数据客观形象地展示给用户,为社会各界以及领导决策提供参考。

(1) 单位统计:按照层级类别、单位类别、区域等多种分类标准进行统计;

(2) 人员统计:按照层级类别、单位类别、区域等多种分类标准进行统计;

(3) 专家统计:按照层级类别、单位类别、区域等多种分类标准进行统计;

(4) 医疗队伍统计:按照层级类别、单位类别、区域等多种分类标准进行统计。

3.3.2 救援队伍管理系统实体类类图

实体类是用于对必须存储的信息和相关行为建模的类。实体对象(实体类的实例)用于保存和更新一些现象的有关信息,如事件、人员或者一些现实生活中的对象。实体对象表示系统一般需要持久化的信息,因为它们所具有的属性和关系是长期需要的,有时甚至在系统的整个生存期都需要。一个实体对象通常不是某个用例实现所特有的;有时,一个实体对象甚至不专用于系统本身。其属性和关系的值通常由主角指定。执行系统内部任务时也可能要使用实体对象。

实体对象的行为可以和其他对象构造型的行为一样复杂。但是,与其他对象不同的是,这种行为与实体对象所代表的现象具有很强的相关性。实体对象是独立于环境(主角)的。实体对象代表了系统的核心概念。救援队伍管理系统实体类类图如图 3.36 所示。

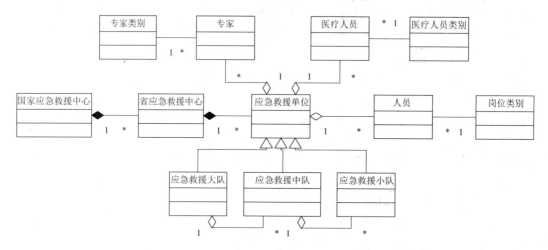

图 3.36　救援队伍管理系统实体类类图

3.3.3 救援队网站

1. 网站建设的流程

(1) 设计建站方案:首先,根据客户要求和实际状况,设计适合客户的网站方案。例如,根据需求选择虚拟主机服务,或者自己购置服务器;选择建站套餐方案,或者根据企业风格量身定制;如果选择套餐,也要根据实际状况选择一套适合自己的。总之,一切根据客户的实际需要去选择,最合适的才是最好的。

(2) 查询申办域名:域名就是客户在网络上的名片,并不影响网站功能和应用的技术。申请域名时,要根据客户的需要,决定是采用国际域名还是国内域名。建议尽量优先考虑国际域名。

(3) 网站系统规划:网站是发布救护信息的平台,所以在网站建设中内容是非常重要的。一个优秀的网站,不仅仅是一本网络版的救援队全貌介绍和客户目录,它还必须给网站浏览者,即潜在用户,提供方便的浏览导航、合理的动态结构设计、适合企业商务发展的功能构件,如信息发布系统、在线调查系统等,以及丰富实用的资讯和互动空间。

(4) 网站内容整理:根据网站策划书,由客户根据需求和目标整理出一份与救护网站栏目相关的内容材料(电子文档文字和图片等),网站建设者将对相关文字和图片进行详细的处理、设计、排版、扫描、制作,这一过程需要客户给予积极的配合。

(5) 网页设计制作:一旦确定了网站的内容与结构,下一步的工作就是开展网站设计和程序的开发。网站制作(网页设计)与企业的形象紧密关联,一个好的网站制作(网页设计),能够在信息发布的同时,对企业的文化以及宗旨作出准确的诠释。很多国际大型公司都不惜投入巨大的资金到网页的设计上。

(6) 网站推广与维护:信息化的时代,网站的建立是企业实现网络化的一个重要标志,但还不能说已经大功告成了。因为一个设计新颖、功能齐全的网站,如果没人浏览就起不到应有的作用了。为了能让更多的人来浏览企业的网站,必须有一个详尽而专业的网站优化推广方案,包括著名网络搜索引擎登录、网络广告发布、邮件群发推广、Logo 互换链接等等。这一部分尤其重要,专业的网络营销推广策划是网站推广必不可少的一项工作内容。

2. 救援队网站

救援队网站面向所有用户,其目的是让用户了解矿山救援队的工作性质、工作动态和相关行业信息,在充分展示广大救援队员的英雄风采的同时,也接受广大员工对救护工作的监督和支持。更为重要的是,通过门户网站普及应急救援基本知识,从而整体提高国民的应急救援素质。

在目标明确的基础上,完成网站的构思创意即总体设计方案。对网站的整体风格和特色作出定位,进而规划网站的组织结构。网站建设应针对所服务对象(机构或人)的不同而具有不同的形式。有些站点只提供简洁文本信息;有些则采用多媒体表现手法,提供华丽的图像、闪烁的灯光、复杂的页面布置,甚至用户可以通过网站可以下载声音和录像片段。好的网站建设能把图形表现手法和有效的组织与通信结合起来。

为了做到主题鲜明突出、要点明确,需要以简单明确的语言和画面体现网站的主题;调动一切手段充分表现网站的个性和情趣,展示出网站的特点。

网站主页应具备的基本成分包括:页头——准确无误地标识企业的站点和企业标志;Email 地址——用来接收用户的垂询邮件;联系信息——如普通邮件地址或电话;版权信息——声明版权所有者等。网站的建设可充分利用已有信息,如客户手册、公共关系文档、技术手册和数据库等。

救援队网站导航栏可以分为八个部分:大队介绍、组织机构、新闻中心、救援案例、技术文档、战训工作、救护知识、联系方式。

救援队网站可以有以下几种不同风格设计的导航栏:

(1) 横型导航栏;

(2) 如果需要链接的内容很多,导航栏也可分为多行;

(3) 竖型导航栏:根据网站的特色和救援队的风格,导航栏也可以设计成竖型,配合相对应的页面划分类型。一般页面划分选择两栏式,这样不会使页面太过于错乱。

图 3.37 所示为宁煤救护总队网站首页界面。

图 3.37　宁煤救护总队网站首页

3.4　应急预案与案例管理系统

应急预案与案例管理系统包括救护区域内企业模块、救援事故案例管理模块、救援行动预案专家子系统、预案管理模块、预案演练模块等,图 3.38 为其结构图。

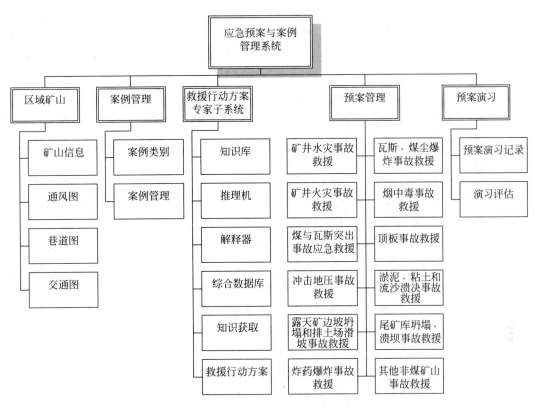

图 3.38 应急预案与案例管理系统

3.4.1 救护区域内企业模块

为了充分利用已有救援资源形成以救援大队为中心辐射周边矿区的服务模式,周边的被服务的矿山形成了区域内企业模块。针对所服务的矿山的不同特性进行适宜的应急预案与案例管理。

救护区域内企业模块包括矿山信息、通风图、巷道图、交通图等模块。所有模块均是基于 GIS 开发,这样便于用户使用。

3.4.2 救援事故案例管理模块

救援事故案例的成功经验对提高救援水平有重要帮助,另外救援案例也是救援行动预案专家子系统的知识来源之一。

救援事故案例管理模块包括案例类别、案例管理等模块。其中,案例管理模块完成案例的添加、删除、修改、查询、统计分析等功能。

3.4.3 救援行动预案子系统

专家系统(Expert System,简称 ES)是人工智能的一个领域,目前已经得到了广泛的应用,并且已经渗透到社会生活的各个领域。专家系统就是把某一个领域内专家的知识、人类长期总结出来的基本理论和方法输入计算机中,让计算机系统模仿人类专家的思维规律和处理模式,按照一定的机制和策略,进行查找、演绎和推理,进而提供一种能用来处理和解决问题的方案或方法。

案例推理是人工智能领域中的一种推理方法,当遇到问题时,人们往往把以前使用过的、与该问题类似的案例联系起来,运用过去解决该事例的经验和方法来解决当前问题。规则推理是专家系统的先驱,在系统中一个规则的结论可以是另一个规则的前提,其求解问题的过程是一个反复从规则库中选用合适的规则并执行规则的过程。

救援行动预案专家子系统采用案例推理和规则推理相结合的方式。当矿山救援队接到矿难报警后,救援行动预案专家子系统利用计算机在数据库中查找出与以往救援行动解决过的相似事故案例,比较事故之间的特征、发生背景等差异,重新使用或参考数据库中源案例的救援方法、参与救援使用的救援设备以及历史救援经验等信息,在短时间内为救援队快速生成矿难事故的解决预案,供救护人员参考实施;如果在已有的事故案例中没有相匹配案例,计算机则利用专家系统的规则推理机制,根据用户输入的事故参数进行推理,以《矿山救护规程》为基础,结合事故现状、现有救援设备等信息,生成一套可行的救援行动预案。当救援行动结束后,对此次救援行动进行总结,形成全面、准确、详实的事故救援报告,并且在经过审核后,将这些信息存入数据库,以此作为新增案例加入到案例库中,从而形成案例的循环积累过程。存储的案例越多,该专家系统提供的救援参考预案越详细,提供给救护人员可使用的救援方法就越多,从而可以不断提高救援效率。

1. 救援行动预案专家子系统总体设计

救援行动预案专家子系统总体构架如图 3.39 所示。

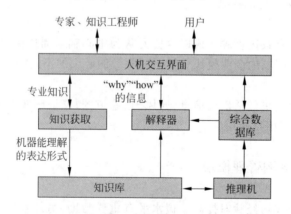

图 3.39 救援行动预案专家子系统总体构架

人机交互界面是系统与用户进行交流时的界面。通过该界面,用户输入基本信息、回答系统提出的相关问题。同时,系统输出推理结果及相关的解释也是通过人机交互界面来实现的。

知识获取负责建立、修改和扩充知识库,是专家系统中把问题求解涉及的各种专门知识从人类专家的头脑中或其他知识源转换到知识库中的一个重要机构。知识获取可以采用手工输入方式,也可以采用半自动知识获取方法或自动知识获取方法。

知识库是问题求解所需要的领域知识的集合,包括基本事实、规则和其他有关信息。知识的表示形式可以是多种多样的,包括框架、规则、语义网络等。知识库中的知识源于领域专家,是决定专家系统能力的关键,即知识库中知识的质量和数量决定着专家系统的质量水平。知识库是专家系统的核心组成部分。一般来说,专家系统中的知识库与专家系统程序是相互独立的,用户可以通过改变、完善知识库中的知识内容来提高专家系统的性能。

推理机是实施问题求解的核心执行机构,它实际上是对知识进行解释的程序,根据知识的语义,对按照一定策略找到的知识进行解释执行,并把结果记录到动态库的适当空间中。推理机的程序与知识库的具体内容无关,即推理机和知识库是分离的,这是专家系统的重要特征。它的优点是对知识库的修改无须改动推理机,但是纯粹的形式推理会降低问题求解的效率。因此,将推理机和知识库相结合也是一种可选方法。

综合数据库也称为动态库或工作存储器,是反映当前问题求解状态的集合,用于存放系统运行过程中所产生的所有信息,以及所需要的原始数据,包括用户输入的信息、推理的中间结果和推理过程的记录等。综合数据库中由各种事实、命题和关系组成的状态,既是推理机选用知识的依据,也是解释机制获得推理路径的来源。

解释器用于对求解过程做出说明,并回答用户的提问。两个最基本的问题是"why"和"how"。解释机制涉及程序的透明性,它让用户理解程序正在做什么和为什么这样做,向用户提供了关于系统的一个认识窗口。在很多情况下,解释机制是非常重要的。为了回答用户提出的"为什么"得到某个结论的询问,系统通常需要反向跟踪动态库中保存的推理路径,并把它翻译成用户能接受的语言表达方式。

2. 救援行动预案专家子系统的实现

系统数据库中存储的是一些基本的事故案例和一些基于基本救护原则的救援方法等信息。在专家系统进行预案输出时,系统通过获取前台用户输入的内容进行分析诊断后产生预案。救援行动预案专家子系统预案生成过程如图 3.40 所示。

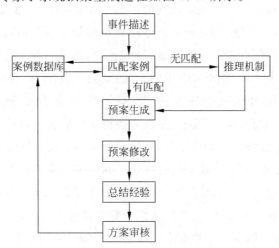

图 3.40 救援行动预案专家子系统预案生成过程

(1) 按照事故案例匹配：针对案例库子系统具有后台检索匹配机制，这使得在案例数据库检索过程中系统能够快速找出与前台录入的事件描述信息相符的案例或案例集。系统的输入界面内容包括描述事故的一些重要属性参数，用户在提供的输入界面输入相应内容后，数据被提交给系统进行处理。系统提取这些属性信息进行检索，采用相似度计算公式

$$S(C_i, C_j) = 1 - D_{ij} \tag{3.1}$$

其中，C_i 和 C_j 表示案例 i 和案例 j，$S(C_i, C_j)$ 表示案例 i 和案例 j 的相似度，$D(C_i, C_j)$ 表示案例 i 和案例 j 的距离，$D(C_{ik}, C_{jk})$ 表示第 i 个案例和第 j 个案例在第 k 个属性上的距离。由于每个案例的各个属性内容在该案例整体上的相似度所占的权重不同，因此需要引入权值 Q，Q_k 表示第 k 个属性的权值大小，一般情况 $\sum_{k=1}^{N} Q_k = 1$。在以上定义下，两个案例的距离为

$$D_{ij} = \sum_{k=1}^{N} Q_k D(C_{ik}, C_{jk}) \tag{3.2}$$

如果 $C_i = C_j$，则 $D_{ij}(C_i, C_j) = 0$；否则，$D_{ij}(C_i, C_j) = 1$。当 $D_{ij} = 0$ 时，$S(C_i, C_j)$ 有最大值 1，这意味着两个案例相同；当 $D_{ij} = 1$ 时，$S(C_i, C_j)$ 有最小值 0，表明两个案例完全不同。数据库案例库中的案例属性的权值大小由专家讨论确定，并提前拟定一个字段属性存入数据库，在系统默认情况下，案例属性的权重相等。由相似度公式可以看出，案例之间的距离越大，相似度越小。管理员将案例以数据表的形式存储在数据库中，当前台用户输入内容后，系统通过对案例库进行检索和开展相应计算，查找到与事故案例相似度最高的案例并提供一套相应的方案给决策者。如果结果与当前事故匹配，则系统将此案例根据实际情况修改后作为预案；如果结果与当前事故不匹配，则系统会按照救护原则推理过程推理得到救护预案。

(2) 按照救护原则推理：采用面向对象的知识表示方法将《矿山救护原则》中的救护内容进行分解描述，使之成为计算机能够识别的信息存入数据库中，通过可视化软件开发工具来高效地对具体应用建立专家知识库，并通过推理机制根据用户的需求进行推理。如果输入的案例无法按照事故案例匹配，则通过推理机制输出结果。首先打开已经建立好的知识库，对应输入发生事件的参数，如事故发生的时间，事故类别、范围，遇险人员数量及分布，事故区域的生产、通风系统，有毒有害气体、矿尘、温度，巷道支护及断面，机械设备及消防设施，已经到达的和可以动用的救护小队数量及装备情况等信息，推理机根据知识库中的救护原则、事故现状、现有救援设备等进行推理，推导出救援预案反馈给前台用户。

无论是案例匹配生成的预案，还是通过推理机制推理生成的预案，在救援任务完成后都要进行救援总结，管理员可通过系统界面对救援方案进行部分内容的完善和修改，如本次救援过程中使用的方法、所用的设备、注意事项以及好的经验等信息，修改完后提交给系统，此时计算机自动提取救援总结中针对数据库系统格式所需的内容存入相应字段，这样即可生成一个新的救援案例供以后参考使用，从而该专家系统完成了自动学习、积累知识的

功能。

图 3.41 为针对"爆炸事故"这种事故类型,应急预案与案例管理系统生成的以往爆炸事故的全部案例事件。

浏览	日期	事故类型	事故等级	事故报告人数	企业名称	企业法人	属性	审核
🔍	2009-11-22 10:11:07	爆炸事故	1	2	王村斜井			已审核
🔍	2009-12-01 23:43:16	爆炸事故	1	1	尧村斜矿			未审核
1								

图 3.41 爆炸事故全部案例

3.4.4 预案管理模块

预案管理模块的功能是对人工编制的预案、专家子系统生成的预案进行管理。主要针对以下救援类别进行管理:
(1) 矿井水灾事故救援;
(2) 瓦斯、煤尘爆炸事故救援;
(3) 矿井火灾事故救援;
(4) 烟中毒事故救援;
(5) 煤与瓦斯突出事故应急救援;
(6) 顶板事故救援;
(7) 冲击地压事故救援;
(8) 淤泥、粘土和流沙溃决事故救援;
(9) 露天矿边坡坍塌和排土场滑坡事故救援;
(10) 尾矿库坍塌、溃坝事故救援;
(11) 炸药爆炸事故救援;
(12) 其他非煤矿山事故救援。
预案管理模块均支持预案的增加、删除、修改、查询和统计等操作。

3.4.5 预案演习模块

预案演习模块的功能是对预案演习进行管理。主要内容包括预案演习记录、演习评估。
预案演习记录管理支持对记录的增加、删除、修改、查询和统计等操作;预案演习评估管理支持对演习评估的增加、删除、修改、查询和统计等操作。

3.4.6 应急预案与案例管理系统实体类类图

实体对象代表了系统的核心概念。应急预案与案例管理系统实体类类图如图 3.42 所示,其与应急救援队伍管理系统的应急救援单位紧密相关,所以图中将应急救援单位再次列出。

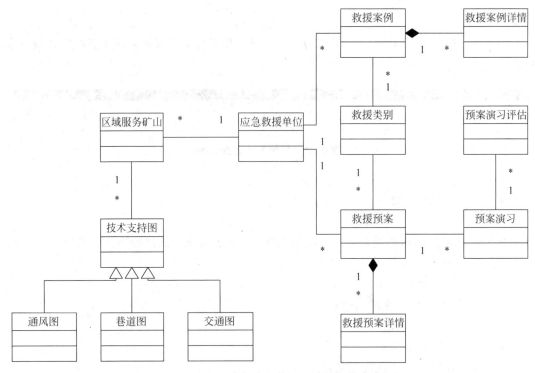

图 3.42　应急预案与案例管理系统的实体类类图

3.5　救援装备与物资管理系统

　　救援装备与物资管理系统包括装备物资模块、仓库与分配模块、装备维护保养模块和统计管理模块等,图 3.43 为其结构图。目前,救援装备也已经进入云时代,通过手机扫一扫功能即可查询到相关信息。

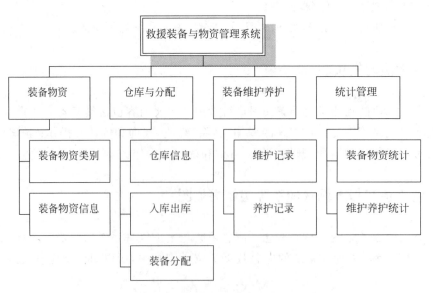

图 3.43　救援装备与物资管理系统

3.5.1 装备物资模块

装备物资模块的功能是对装备物资类别、信息进行统一管理。

装备物资类别包括矿山救援队员个体防护装备、灾区环境气体检测设备、矿用大型灭火设备、灾区通信装备和矿用快速防火密闭装备等(需要一个详细的物资类别清单),模块支持对装备物资类别的增加、删除、修改和查询等操作。

装备信息包括装备编码(可以用于二维码编码)、装备名称、装备类别、规格型号和购买日期等。支持对装备信息的增加、删除、修改、查询、二维码生成和二维码打印等操作。

3.5.2 仓库与分配模块

仓库是保管、储存装备物资的建筑物和场所的总称。仓库的功能已经从单纯的装备物资存储保管,发展到装备物资的接收、分类和计量等多种功能。

仓库信息包括地点、管理员、联系方式和容量。模块支持对仓库信息的增加、删除、修改、查询和统计分析等操作。

入库出库是仓库的核心功能,其基本流程如图 3.44 所示。模块支持装备入库记录的增

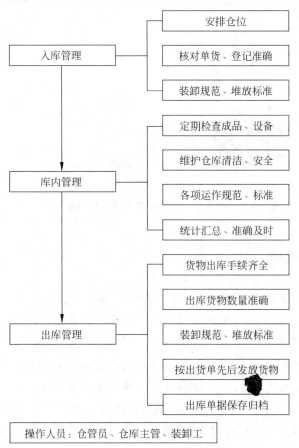

图 3.44 仓库管理流程

加、修改、查询和统计分析等操作,支持装备出库记录的增加、修改、查询和统计分析等操作。同时,模块具有库内日常盘点统计功能。

3.5.3 装备维护保养模块

救援装备诸如呼吸器、气体检测仪、生命探测仪等救护装备状态的好坏直接关系到救援效率和国家人民生命财产损失程度。常规的纸质维修保养记录单据具有携带不便、查询困难、效率低下的不足。目前,救援装备与物资管理系统已经支持手持终端对装备进行日常维护养护,只需要扫描设备二维码即可得到该设备的实时相关信息,如名称、规格、性能、所在仓库、责任人、维护养护规程以及维护养护记录等。模块支持对维护、养护记录的增加、删除、修改、查询和统计分析等操作。模块的活动图如图 3.45 所示。

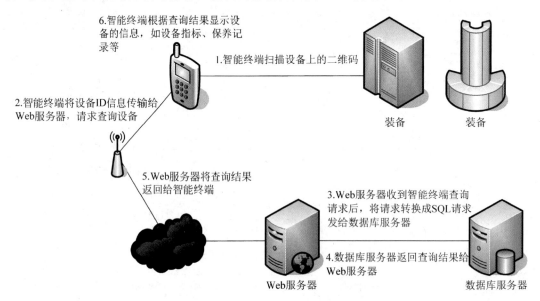

图 3.45 基于二维码的装备维护保养模块的活动图

3.5.4 统计管理模块

基于 GIS 按照层级类别(国家级、省级、矿级)对仓库信息进行统计管理,对数据进行形象展示,以便于管理人员使用。统计资料是统计工作的初步成果,发布统计信息是展示统计成果,是实现统计管理的重要步骤。目前,统计管理对统计信息的处理大多仅停留在以条块结合的方式进行分析的阶段,很难对不规则区域的跨行业数据进行统计分析。基于 GIS 把统计数据客观形象地展示给用户,为社会各界以及领导决策提供参考。

(1)装备物资统计:按照层级类别、装备物资类别、区域等多种分类标准进行统计;

(2)维护、养护统计:按照层级类别、区域等多种分类标准进行统计。

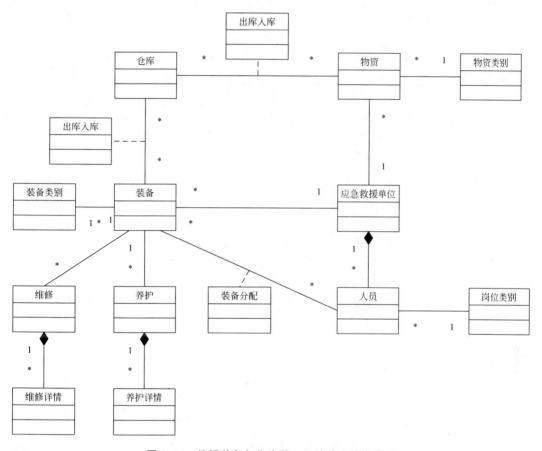

3.5.5 救援装备与物资管理系统实体类类图

实体对象代表了系统的核心概念。救援装备与物资管理系统的实体类类图如图 3.46 所示。本系统与应急救援队伍管理系统的应急救援单位、人员紧密相关,所以这里把应急救援单位、人员再次列出。

图 3.46 救援装备与物资管理系统的实体类类图

3.6 培训与考试系统

培训与考试系统包括学员端子系统、教师端子系统、管理员端子系统等,图 3.47 为其结构图。

3.6.1 学员端子系统

1)在线培训
学员根据需要选择在线培训进行学习,所学习的内容由管理员安排指定。系统记录学

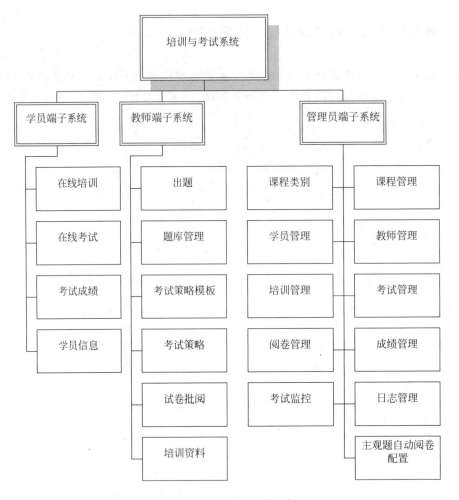

图 3.47　培训与考试系统

员的学习过程、学习进度。

2）在线考试

在线考试分为模拟考试、正式考试两大类。其中,模拟考试有助于学员平时学习中进行自我考查。

(1)自动组卷:学员根据安排选择在线考试,学员考试试卷的生成有两种方式:人工生成、随机生成。其中,随机生成方式是服务器根据教师设置的考试策略(如题型、难度系数、题量、知识点、考试时长)从题库自动组卷。

(2)自动提交:考试进行过程中系统自动计时,当考试时长达到预设值时,自动提交答卷。

(3)断点续考:如果考试期间出现中断,学员再次进行同一门课程的考试时,系统自动恢复学员上次的答卷,学员可以继续答题。

(4)自动阅卷:对客观题、主观题自动阅卷,学员考完后可以当场得知客观题、主观题成绩。其中,主观题的自动阅卷通过中文语义自动分析功能来完成。

3) 考试成绩

学员考试后可以管理自己的所有成绩。

学员在线考试界面如图 3.48 所示。

图 3.48　学员在线考试界面

3.6.2　教师端子系统

（1）出题：教师根据自己所负责的科目出题。题型包括：单项选择题、多项选择题、判断题、填空题、简答题、分析题、计算题；其中，填空题、简答题、分析题为主观题，其余题型为客观题。支持对考试题目的增加、删除、修改、查询等操作。

（2）题库管理：教师对自己负责的科目的题库进行管理。支持对题库中内容的增加、删除、修改、查询、统计、导入、导出等操作。

（3）考试策略模板：考试策略模板供教师在人工组卷、计算机自动组卷时使用。通过考试策略模板对以下信息进行管理：题型、难度系数、题量、知识点。

（4）考试策略：教师对自己负责的科目设置考试策略。考试策略可以根据考试策略模板生成。通过考试策略对以下信息进行管理：科目、题型、难度系数、题量、知识点、考试时长。

（5）试卷批阅：教师根据管理员分配的阅卷工作对试卷进行批阅。教师能查阅所有试卷内容及每道题得分情况，但不能对客观题进行批阅，教师只能对计算题进行批阅。

（6）培训资料：教师对自己负责的科目进行培训资料的管理。培训资料可以是文本文件、PPT 文档、Word 文档、PDF 文档、视频文件、音频文件。所有文字文档上传到系统后自动转换成 SWF 格式供学员在线学习，学员不需要安装相应的阅读器。支持对培训资料的增加、删除、修改、查询、统计、导入、导出等操作。

教师对题库进行管理的界面如图 3.49 所示。

图 3.49　题库管理界面

3.6.3　管理员端子系统

（1）课程类别：对课程进行分类管理。课程类别包括：通识教育课、学科基础课、专业必修课、专业选修课、任意选修课、实践教学课、岗位课等。支持对课程类别的增加、修改、查询等操作，不允许删除已有课程类别。

（2）课程管理：对课程进行管理，如课程名、课程类别、适用岗位。支持对课程的增加、删除、修改、查询、统计等操作。

（3）学员管理：对学员信息进行管理。学员信息包括登录 ID、密码、真实姓名、岗位、所在部门。支持对学员信息的增加、删除、修改、查询、统计、导入、导出等操作。

（4）教师管理：对教师信息进行管理。教师信息包括登录 ID、密码、真实姓名、专长。

支持对教师信息的增加、删除、修改、查询、统计、导入、导出等操作。

（5）培训管理：管理员通过新建培训来启动一次在线培训，设置培训参加的学员、培训课程、培训教师、培训期限。培训有以下几种状态：未开始、进行中、结束，学员只能参加进行中的培训。支持对培训的增加、删除、修改、查询、统计等操作。

（6）考试管理：管理员通过新建考试来启动一次在线考试，设置考试参加的学员、考试课程、考试期限。可以通过选择某次培训自动填充相关考试信息。考试有以下几种状态：未开始、进行中、结束，学员只能参加进行中的考试。支持对考试的增加、删除、修改、查询、统计等操作。

（7）阅卷管理：管理员分配需要教师阅卷的试卷（包含计算题）给教师。

（8）成绩管理：查询统计学员考试成绩。支持对考试成绩的查询、统计、导出等操作。

（9）考试监控：管理员能在线对正在进行的考试进行监控，以图形方式直观地显示以下信息：考生信息、试卷信息、IP 地址、地理位置、已经答题时间。管理员可以随时终止某个考生答卷。

（10）主观题自动阅卷配置：对不同题型配置自动阅卷参数，如选择自动阅卷算法、算法参数等。

管理员对课程进行管理的界面如图 3.50 所示。

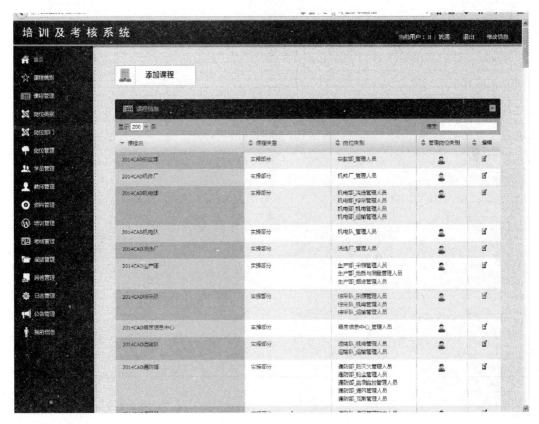

图 3.50　管理员管理课程

3.6.4　培训与考试系统实体类类图

培训与考试系统实体对象代表了系统的核心概念,系统实体类类图如图 3.51 所示。本系统与应急救援队伍管理系统的应急救援单位、人员紧密相关,所以这里把应急救援单位、人员再次列出。

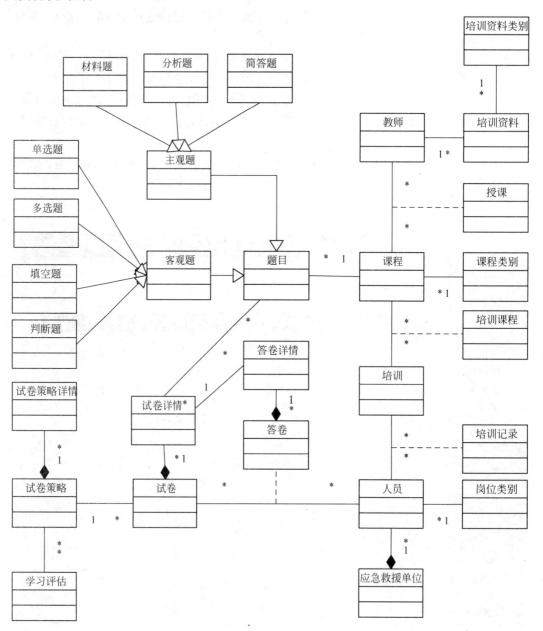

图 3.51　培训与考试系统的实体类类图

3.7 训练与考核系统

训练与考核系统包括日常训练子系统、模拟训练子系统、演练子系统、考核子系统等，图 3.52 为其结构图。

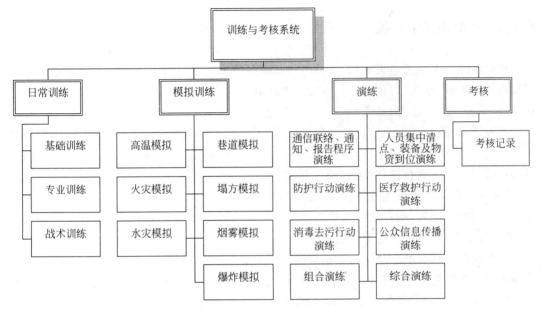

图 3.52 训练与考核系统

事故灾害的处置成功与否，在很大程度上依靠平时模拟实战的演练，模拟演练子系统既可以为矿难救援人员提供科学的矿难救援的模拟训练，同时也可以成为矿山企业对人员进行安全培训的工具。

3.7.1 日常训练子系统

1. 基础训练

基础训练是应急队伍的基本训练内容之一，是确保完成各种应急救援任务的前提和基础。基础训练主要是指队列训练、体能训练、防护装备和通信设备的使用训练等内容。训练的目的是使应急救援人员具备良好的战斗意志和作风，熟练掌握个人防护装备的穿戴、通信设备的使用等。支持对基础训练的添加、删除、修改、查询、统计等操作。

2. 专业训练

专业技术关系到应急队伍的实战水平，是顺利执行应急救援任务的关键，也是训练的重要内容。主要包括专业常识、堵源技术、抢运和清消，以及现场急救等技术。通过训练，救援队伍应具备一定的救援专业技术，有效地发挥救援作用。支持对专业训练的添加、删除、修改、查询、统计等操作。

3．战术训练

战术训练是救援队伍综合训练的重要内容,它将各项专业技术综合运用起来,是提高救援队伍实践能力的必要措施。通过训练,各级指挥员和救援人员的组织指挥能力和实际应变能力进一步提高。支持对战术训练的添加、删除、修改、查询、统计等操作。

3.7.2 模拟训练子系统

模拟训练子系统通过大屏幕、音响等设备模拟井下黑暗、噪音、烟雾、潮湿、高温的环境,模拟逼真的爆炸、火灾、冒顶、塌方、水灾等事故灾害现场,训练人员背负氧气(空气)呼吸器,在黑暗、噪音、烟雾、潮湿、高温的条件下,按照预先设定的工作程序,完成正确使用呼吸器,穿越各种道路障碍,独自抢险、排险、营救伤员、恢复生产等工作和其他规定动作。此种训练可以评定和测验训练人员的生理最大承受能力、心理承受能力、完成任务情况和学习使用呼吸器的情况。对新老救援队员、消防人员进行经常性的训练,可以丰富呼吸器使用者的经验,并使他们在抢险救灾实战过程中,更能够保护自身安全,提高救援处理突发事故的应变能力和心理承受能力,增强救护人员的个人作战技能。模拟训练子系统主要由井下环境模拟、灾害现场模拟、结果评定等模块组成。

子系统在操作台的控制下可发出交错频闪的红、蓝、黄、绿、白5种色调的光柱,配合背景噪声中传来的警笛声、爆炸声强化视听效果,增强了整个训练过程的紧张程度。用数控CD机、前置放大/功率放大扩音器、麦克风(话筒)及壁挂式音箱等将录制有矿山灾难的声音播放,以渲染火灾或爆炸现场的模拟效果,强化训练室内的拟音效果,提高训练过程的真实性。

1．巷道模拟模块

巷道模拟模块用于模拟矿山巷道的真实环境,以满足救援队员进行现代化、科学化和实战性的训练需求,提高救援队员的身体素质,增加实战临场心理素质及方位感、机动性和灵活性,使受训人员的紧急救护能力明显提升。巷道模拟系统结构为金属栅网通道,金属栅网是由积木式金属制造的坚固笼体组成的复杂通道,分为多层,可根据空间条件的不同做最佳调整、简单变换和适当扩展。笼体由结构钢组成框架,笼体四周用边网封闭。通道中设置有入孔口、爬行管、H型隔断、井、筒、圈等障碍,以增加训练难度。通道中某些位置留有紧急出口开关,以便训练人员出现意外时可通过紧急出口实施救护。通道设有局部"高温区",在可控状态下产生 $0\sim150℃$(可调)的热辐射效果。金属栅网通道的出入口及通道中设有对训练人员身份进行识别的射频读卡器,通道中也铺设有传感器,采集的信号通过总线的方式发送至总控室,同时在总控室的显示器上显示出训练者所在的位置。在通道及转角处设置灯光方位指标器,用于引导训练人员辨明前进方向。金属栅网通道系统如图3.53所示。巷道模拟模块支持添加、删除、修改、查询、统

图3.53 金属栅网通道系统

计等功能。

2. 烟雾模拟模块

烟雾模拟模块通过电烟雾发生器模拟类似于矿山事故中的烟雾情况,提高队员的适应能力。模拟烟雾子系统由烟雾发生机和发烟油组成,在训练开始之前,模拟烟雾子系统可依据要求发烟。密闭训练室内发烟的浓度是由连续发烟时间的长短来控制的,一般为 15～20min。发烟装置喷雾器的烟气为非腐蚀性、无毒的雾气,没有残留。如有必要,训练人员不戴呼吸器也能安全出入充满烟雾的训练室,呼吸绝不会因此受到损害。发烟装置由中央控制室通过 RS-485 通讯方式控制。烟雾模拟模块具有添加、删除、修改、查询、统计等功能。

3. 高温模拟模块

高温模拟模块通过远红外加温系统模拟类似于矿山事故中的高温环境,提高队员的适应能力。高温加热子系统由远红外快速加热器和温度控制设备组成。高温加热子系统通过电热器迅速发出热量,训练温度可控制在 35～55℃之间(可控温度为 0～150℃),训练温度由中央控制室实时显示并由中央控制室实时控制训练温度。高温模拟模块具有添加、删除、修改、查询、统计等功能。

4. 通风模拟模块

通风模拟模块在训练结束后用最短时间将烟雾或刺激性气体排尽,同时注入新鲜空气。通风子系统由轴流式风机、矩形排气管道构成。通风模拟模块具有添加、删除、修改、查询、统计等功能。

其他几个模拟模块和上述模块类似,均具有添加、删除、修改、查询、统计等功能。

3.7.3 演练子系统

应急演练是一种综合性的训练,也是训练的最高形式,演练应该在培训和训练后进行。演练是在模拟事故的条件下实施的,是更加逼近实际的训练和检验训练效果的手段。事故应急演练也是检查应急准备周密程度的重要方法,是评价应急预案准确性的关键措施;演练的过程,也是参演和参观人员的学习和提高的过程。

无论什么性质的演练,都可以分为全面演练、组合演练和单项演练。演练可在室外,也可在室内进行。演练可由机关单独进行,以指挥、通信联络为主要内容,也可由机关带领部分应急救援专业队伍进行演练。要注意,复杂的训练应在较简单的训练之后进行。

在进行全范围训练之前,应该完成一项或多项功能训练。这种渐进式方法保证训练的复杂性不超过参加者执行任务的能力。

1. 单项演练

单项演练是为了熟练掌握应急操作或完成某种特定任务所需要的技能而进行的演练,是在完成基本知识的学习后才进行的。根据不同事故应急的特点,单项演练的内容包括以下几个方面：

  （1）通信联络、通知、报告程序演练；

  （2）人员集中清点、装备及物资器材到位（装车）演练；

  （3）防护行动演练：指导公众隐蔽与撤离，通道封锁与交通管制，发放药物与自救互救练习，食物与饮用水控制，疏散人员接待中心的建立，特殊人群的行动安排，保卫重要目标与街道巡逻的演练等；

  （4）医疗救护行动演练；

  （5）消毒去污行动演练；

  （6）消防行动演练；

  （7）公众信息传播演练。

所有上述演练均支持添加、删除、修改、查询、统计等操作。

  2. 组合演练

  组合演练是为了发展或检查应急组织之间及其与外部组织之间的相互协调性而进行的演练。由于组合演练主要是为了协调应急行动中各有关组织之间的相互协调性，所以演练可涉及各种组织，如化学监测、侦察与消毒去污之间的衔接，发放药物与公众撤离的联系，各机动侦察组之间的任务分工及协同方法的实际检验，扑灭火灾、消除堵塞、堵漏、关闭阀门等动作的相互配合练习等。通过带有组合性的部分联系，交流信息，加强各应急救援组织之间的配合协调。组合演练支持添加、删除、修改、查询、统计等操作。

  3. 综合演练

  综合演练是应急预案内规定的所有任务单位或其中绝大多数单位参加的，为全面检查执行预案可能性而进行的演练。主要目的是验证各应急救援组织的执行任务能力，检查各单位之间相互协调的能力，检验各类组织能否充分利用现有人力、物力来减小事故后果的严重度及确保公众的安全与健康。

  综合演练是最高水平的演练，同时也是演练方案的高潮。综合演练是评价应急系统在一个持续时期里的行动能力。它通过高压力环境下的实际情况，检验应急救援预案的各个部分。一次全面演练需要很长的准备时间，这是因为涉及演练应急预案所规定的行动、响应机构必须做的事、资源转移、避难所开放、车辆派遣等各方面内容。应急救援指挥中心作为全面演练的一部分，全面投入该项活动。

  综合演练，主要是在宏观上检验应急预案的可靠性与可行性，为修正预案提供依据。同时，也为各个应急救援专业组织之间、应急救援指挥人员之间的协作提供实际配合的机会，以提高他们的协同能力和水平。综合演练支持添加、删除、修改、查询、统计等操作。

3.7.4 考核子系统

  考核子系统针对日常训练、模拟训练、演练中救援队伍成员的表现予以考核。考核子系统支持添加、删除、修改、查询、统计等操作。

3.7.5　训练与考核系统实体类类图

实体对象代表系统的核心概念。训练与考核系统实体类类图如图 3.54 所示。本系统与应急救援队伍管理系统的应急救援单位、人员紧密相关,所以这里把应急救援单位、人员再次列出。

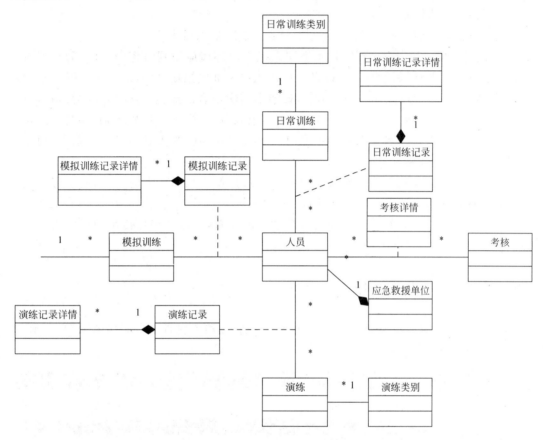

图 3.54　训练与考核系统的实体类类图

3.7.6　虚拟训练

虚拟训练是利用虚拟现实技术将三维模型、图片、文本信息、视频、动画和声音等叠加到一起,搭建一个利于学习者学习的虚拟环境,在虚拟环境中对虚拟设备、虚拟工具和部件等进行操作训练。

虚拟现实技术主要包括虚拟环境、感知、自然技能和传感设备等方面。虚拟环境是由计算机生成的、实时动态的三维立体逼真图像。感知是指理想的 VR 应该具有一切人所具有的感知。除计算机图形技术所生成的视觉感知外,还有听觉、触觉、力觉、运动等感知,甚至还包括嗅觉和味觉等,所以也称为多感知。自然技能是指人的头部转动、眼睛转动、手势或其他人体行为动作,由计算机来处理与参与者的动作相适应的数据,并对用户的输入做出实时响应,并分别反馈到用户的五官。传感设备是指三维交互设备。

虚拟训练通过沉浸性(Immersion)、交互性(Interaction)及构想性(Imagination)三个特征,对一个真实空间或假想空间的实时仿真来构造一个逼真的虚拟空间。学习者借助鼠标、键盘、数字手套、数字眼镜等外接设备以人机交互方式在该虚拟空间中进行漫游,在视、听、触,甚至味觉的全方位感知下,产生身临其境的体验,从而提高训练效果。

虚拟训练通过一个用户能理解的界面将现实世界和虚拟世界展现为一个可行的、有利于训练的虚拟学习环境。

虚拟训练有以下优点:高仿真性、超时空性、安全性、低成本。

(1)高仿真性:利用虚拟现实技术搭建虚拟学习环境应用到教育中,可以为学习者提供仿真、安全的学习环境,学习者可以自由自在地在三维虚拟场景中漫步,对于感兴趣的对象物体详细浏览,不但可以促进协作学习,还能丰富学习者的经验。逼真生动的虚拟环境,应用在教学中增强了学生主动学习的兴趣,提高想象力,弥补训练中现场训练条件的不足。

(2)超时空性:学习者在训练中不受时间、空间的限制,在仿真的三维场景中,通过不断的练习增强学习效果。

(3)安全性:虚拟训练避免在教学中由于实践操作不当而带来的危害,使学习者脱离现实训练中的风险,达到安全训练的目的。

(4)低成本:虚拟训练可以减少实践教学中的经费,虚拟训练比传统的训练成本要低很多。

3.8 文档资料管理系统

文档与资料分为救援专业和煤炭行业两大类别,文档资料查询界面如图 3.55 所示,资料录入界面如图 3.56 所示。

图 3.55 文档资料查询界面

图 3.56　资料录入界面

文档与资料管理系统包括基础管理子模块、流通管理模块统、智能管理模块等,图 3.57 为其结构图。

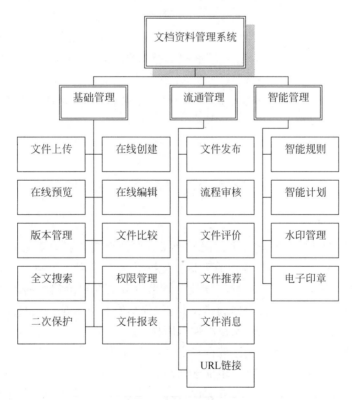

图 3.57　文档资料管理系统

3.8.1　基础管理模块

（1）文件上传：文件上传是子系统的最基本功能。系统支持批量多级子文件夹上传,支持后台上传,支持拖曳上传和下载。

(2) 在线创建:直接在线创建文本类文件,如 Word、Excel 等;系统支持模板调用快速创建文档。

(3) 在线预览:系统支持 Word、Excel、PPT、Visio、PDF、JPG、PNG、GIF、BMP、TIF 等文件格式在线预览;支持 MP3、MP4、AVI、WMA、FLV 等流媒体格式文件在线播放;支持 AutoCAD、Pro/E、SolidWorks 等多种工程图纸格式在线预览。

(4) 在线编辑:系统支持文本类文件,如 Word、Excel 等的在线编辑。

(5) 版本管理:系统支持对文件多版本管理,版本之间可以进行回退、历史版本预览、版本描述等操作。

(6) 文件比较:对文本类文件可以进行任何版本之间的差异比较,高亮显示差异之处。

(7) 全文搜索:系统支持关键字的全文检索;可以针对文件名称、类型、时间、创建者、所属目录、文件状态、自定义属性等多条件检索。

(8) 二次保护:系统支持回收站机制,对误删除、恶意删除文件进行恢复。

(9) 权限管理:系统支持对文件夹和文件独立授权,常见权限类型(可见、创建文件夹、创建文件、预览、打印、下载、修改、删除、完全控制等);支持对部门/小组、个人、岗位三种方式颗粒化授权;支持权限下放组管理员;支持权限黑白名单特殊权限机制;支持权限高级条件规则,和权限筛选机制,如当目录下文件名称包含预先设定的字段时,权限即会生效;支持权限正向授权和反向授权,即权限继承和不继承机制,方便大量授权后微调权限。

(10) 文件报表:统计查询文件以下信息:操作日志记录、操作人、时间、类型记录;文件操作分析报表、预览、下载等次数分析;权限设置记录、授权人、时间、授权类型记录。

3.8.2 流通管理模块

(1) 文件发布:系统支持文件发布、签收过程,签收者在签收后即具备访问文件的权限;发布者可设置权限过期日。

(2) 流程审核:系统支持后台自定义搭建流程模板,根据人员部门岗位三种方式审核,不限制纵向和横向节点;支持流程多人同时审批;支持对流程模板授权给相应的部门、人员或者岗位使用;支持对文件上传路径审核;支持对文件权限申请审核,包括权限借阅天数、权限类型等;支持流程内调用动作,如流程结束后自动发布给相应的人员、部门或岗位;支持流程归档,文件审核后自动归档到指定位置,如档案柜某卷宗;支持流程撤销、流程终止;支持流程中关联子流程;支持流程中插入附件。

(3) 文件评价:系统支持对文件进行自定义评价,点赞。

(4) 文件推荐:用户之间可以互相推送文件。

(5) 文件消息:系统支持对文件或文件夹进行消息订阅,设置一定的条件,当事件触发后自动提醒相应用户、部门或岗位;具有文件闹钟功能,支持对文件进行闹钟备忘提醒、循环提醒;支持历史消息查询管理;支持点对点消息发送;支持邮件提醒。

(6) URL 链接:系统支持对文件及文件夹生成 URL 链接供其他用户访问,并支持设置访问密码、访问次数、链接过期时间等。

3.8.3 智能管理模块

（1）智能规则：文件特定事件触发功能，自动执行指定动作。动作类型有复制移动文件、标记文件状态、设置文件扩展属性、设置文件权限、发布文件、触发工作流等。

（2）智能计划：设置好条件，自动清除相应时间段内回收站内容；可根据文件类型、时间条件设置自动清除相应历史版本。

（3）水印管理：系统支持对 Office 类、文本类、图片类、PDF 日常办公文件，进行预览、打印时添加水印；水印支持记录当前时间、操作人；转换 PDF、预览或导出 PDF 时附加水印。

（4）电子签章：支持 PDF 文件电子签章、Word 文件电子签章。

3.8.4 文档资料管理系统实体类类图

实体对象代表了系统的核心概念。文档与资料管理系统实体类类图如图 3.58 所示。本系统与应急救援队伍管理系统的应急救援单位、人员紧密相关，所以这里把应急救援单位、人员再次列出。

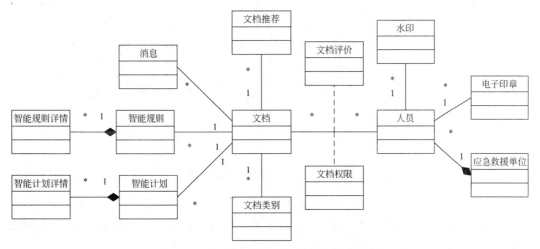

图 3.58 文档资料管理系统的实体类类图

3.9 办公自动化系统

办公自动化系统包括普通用户子系统、管理员子系统和应急值班子系统，图 3.59 是办公自动化系统结构图，移动办公是办公自动化的发展趋势。

3.9.1 普通用户子系统

1. 消息模块

消息板块可以随时进行即时沟通、发起多人会话、收到组织发送的公共信息，并且可以收到提醒自己去处理待办事宜的消息,还能订阅资讯类的公共号。消息模块分为四部分:消息搜索框、待办事宜、订阅消息、会话组(包括单人会话和多人会话)。

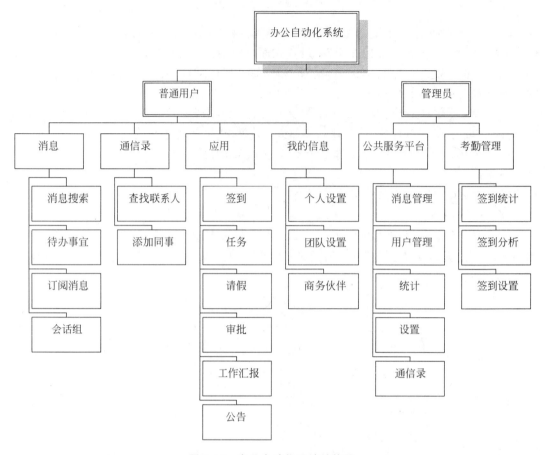

图 3.59　办公自动化系统结构图

(1) 消息搜索:通过系统可以快速搜索找到同事、会话、文件、会话记录等;子系统支持文字、拼音输入;搜索范围包括通讯录、会话组名称、会话组成员、订阅消息以及文件,系统支持全年所有会话消息的检索。

(2) 待办事宜:待办事宜包含的消息类型有所有用户的消息、分配给用户的任务、其他应用推送给用户的通知(如流程审批通知等),提醒用户去处理。

对待办消息可以进行类型筛选,方便用户更快找到对应的待办事宜。待办事宜中的消息,点击均可跳转到对应的消息源,如点击@给用户的消息,可以直接跳转到相关会话组中查看详细内容;点击任务相关通知,可以跳转到任务应用的界面;点击应用通知,可以跳转到相应的应用界面。

(3) 订阅消息:界面可以查看所有折叠在这里的订阅消息,选择订阅功能,可以看到"我订阅的"和"可订阅的"所有消息。

(4) 会话组:通过会话组可以发文字和语音,提醒用户关注,也可以拍照并分享照片,转发已经上传的文件,还可以发送重要消息,并支持给会话组里其他用户直接发送短信。

2. 通信录模块

通过通信录模块可以查找联系人,展示组织架构,查看收藏的多人会话,添加同事,查看联系人信息,一键加同事,还能跟新同事打招呼。

(1) 查找联系人:系统支持文字、拼音、拼音首字母大写或小写、手机号等模糊搜索。可以通过两种方式进行联系人查找,一种是在通讯录搜索栏搜索人员,另一种方法是在组织架构中根据部门查找。

查找到联系人后可以查看相关信息:查看该同事的联系方式,如手机、邮箱;查看该同事的团队信息,如部门、职位;查看其他联系方式,如座机号、工号;查看该同事的动态。

(2) 添加同事:若该团队开通了系统集成服务,普通用户无须邀请同事加入;在管理员开放邀请的情况下,有以下三种邀请方式:方式一,通讯录邀请,即选择用户后系统直接发送邀请短信,用户点击短信链接可以直接加入团队;方式二,微信邀请,即用户可以选择单人发送邀请,也可以分享到群组,微信群组中成员点开链接,即可加入团队;方式三,通过手机号码添加界面发送邀请。

如果管理设置了邀请同事需要审核,那只能在管理员审核后才能加入团队。新同事加入以后,可以与其打招呼。

3. 应用模块

应用版块分为系统应用和第三方应用,系统应用包括签到、任务、请假、审批、工作汇报、会议通知、公告、行动流。

(1) 签到:利用系统可进行定位签到,也可以查看所有签到记录、发微博分享、进行签到设置等。同时,也可以查看签到分析或异常签到。点击签到记录可以分享给同事或分享到朋友圈。通过系统中查看所有记录的功能模块可以看到签到的所有信息。如果是部门负责人,看到的签到记录包括个人签到记录和团队签到记录。

(2) 任务:通过应用模块可以发起任务、发布任务内容、选择执行人和任务截止时间。同时,系统中可以看到当前登录账号待处理的任务,也可以创建任务。在消息对话组里,长按会话组的消息内容也可以转成任务。

(3) 请假:请假支持单人审批,也支持多级审批,可以添加图片附件,请假也可以转发到会话组知会同事。请假提交以后,可以查看请假的审批状态。上级领导审批,审批后可以添加下一级审批人或完成审批。上级审批通过后,用户可以把请假转发到会话组知会同事。

(4) 审批:系统支持自由流审批,与请假一样,可以单人审批也可以多级审批。提交审批申请后可以看到申请的审批状态。上级领导点击添加批复,可以填写个人意见。上级领导审批后可直接完成审批,也可以添加下一级审批人。审批完成后,用户可以通过系统查看审批状态,也可以将审批结果转发到会话组知会同事。

(5) 工作汇报:工作汇报包括日报、周报、月报。填写完的汇报自动发送给部门负责人,也可以分享到会话组或分享给其他成员。新建工作汇报时可以添加照片附件;工作汇报具有自动保存草稿的功能;可以评论、点赞及分享工作汇报详情。团队日志是部门成员提交给负责人查看的工作汇报,只有部门负责人才能查看团队汇报。团队负责人可以登录Web端导出和筛选部门工作汇报,同时一键提醒未提交汇报的人员。

（6）公告：通过公告可以给整个团队群发信息，同时给已激活的成员发送短信息通知。公告发送人可以自定义或根据需要修改，也可以通过公共号推送信息。

4．我的信息模块

（1）个人设置：若团队组织架构后台设置了系统集成，则姓名、部门、职位、邮箱账号在手机端不能更改。

此模块支持以下功能：设置头像、用户名修改、部门设置。

（2）团队设置：团队设置支持切换团队，也可以加入团队、创建团队、查看自己收到的邀请。

（3）商务伙伴：直接输入手机号即可添加商务伙伴，也可删除商务伙伴。商务群组支持显示团队名称。

3.9.2 管理员子系统

1．公共服务平台模块

1）通讯录

通讯录支持以下功能：

（1）部门添加、重命名、移动、删除、置顶；

（2）组织新增人员：点击"增加人员"，输入用户姓名和手机号，点击保存，即可新增人员；

（3）用户操作，包括修改用户资料、移动部门、设置兼职、隐藏手机、排序置顶、删除用户、设置负责人；

（4）团队成员排序：直接拖动用户到指定位置，然后点击保存排序即可；

（5）搜索人员、部门：支持搜索姓名和组织名称、手机号，需按回车键才能进行搜索；

（6）导入与导出：支持导入邮箱或手机号码作为用户账号，并支持用户自定义字段模板导入，如工号、座位、QQ等；

（7）组织管理员：组织管理员只有管理组织架构的权限，添加某一级的组织管理员，该管理员可以管理本级组织架构人员及查看该级组织部门考勤。

2）消息管理

消息管理支持以下内容：

（1）支持消息群发，可以直接新建群发消息，也可以选择引用模板。

（2）发送范围可以是所有订阅用户，也可以是自定义用户组。

（3）消息类型支持文字消息、单图文消息和多图文消息，不同类型消息都可以选择添加链接或编辑正文，也可以随时将消息保存为模板。

（4）点击群发，提示发送成功，群发按钮提示冷却时间，冷却时间过后才能继续群发消息，公共号发送完消息后需要等待10s。

（5）通过消息群发可以查看所有已发送消息列表，该列表不包含自动应答发送消息，也可将已发送消息做分类标示，包括纯文本信息、文本链接信息、图文混排信息，支持一键清除所有已发送消息。

（6）通过已接收消息列表，可以查看所有订阅用户发送的消息，支持一键清除所有消息。

（7）通过消息自动应答列表，可对应答列表进行编辑或删除。自动应答功能可添加消息应答规则：优先级越高，应答回复排在前面；匹配规则，包含关键词可以模糊应答。回复可选择消息模板的内容。当启用规则打钩时，该规则正式启用。订阅自动应答后，自动回复可以选择消息模板也可以选择推送地址。

3）用户管理

订阅用户管理，可以自定义添加用户组，也可以增加或删除订阅用户；发言人管理，可以添加或删除发言人，设置发言人以后，发言人可以在移动客户端上直接回复用户反馈的消息。

4）统计

运营分析，可以查看每日公共号用户关注及消息查看统计。

5）设置

公共服务号账号设置包括以下内容：

（1）可以修改公共服务号图标，企业管理员修改以后可以直接在设置里审核；

（2）公共服务号属性设置，可以修改跟公共服务号相关的属性；

（3）自定义菜单，先添加菜单名称，选择菜单类型，然后保存；

（4）自定义菜单链接类型，选择链接类型然后直接添加链接即可，用户点击菜单直接跳转到链接地址页面；

（5）自定义菜单菜单类型，添加菜单类型可以添加二级菜单；

（6）自定义菜单按钮类型，点击按钮菜单会直接给用户推送消息，可选择消息模板进行推送。

2. 考勤管理模块

（1）签到统计：企业管理员、签到管理员、部门负责人可以查看签到统计数据。

企业管理员和签到管理员可以查看公司所有用户内外勤考勤数据，同时可以通过自定义报表导出某个部门某个用户的签到数据，也可导出不同状态的考勤数据。部门负责人可以在 Web 端和手机端查看本部门的签到统计数据。

（2）签到分析：签到分析可以查看异常签到数据，如用户用自己的手机替其他同事打卡，则在签到分析里会显示异常签到。

（3）签到设置：签到设置可以设置签到点，及添加签到管理员。

签到点设置：在地图上直接把定位图标放置到打卡地点添加签到点，也可以直接搜索具体大厦名称添加签到点。可设置超过 10 个签到点，系统支持签到点搜索功能。

签到管理员设置：搜索用户名或邮箱可直接添加。

（4）请假数据导出：管理员在手机端可以导出团队所有用户的请假数据。

3.9.3 应急值班子系统

应急值班子系统具有增加、删除、修改、查询功能，确认后不得修改、删除。值班日志具有增加、删除、修改、查询、确认功能。根据事件分类，可对日志数量进行汇总，并对各类事件进行百分比分析。

在该子系统中,值班人员记录每天的值班信息,也可以按时间对值班信息进行查询。也可以将值班记录用 Excel 表格导出,具体的导出方法与救援装备管理模块相似,在此不再做阐述。图 3.60 为应急值班登记录入界面。

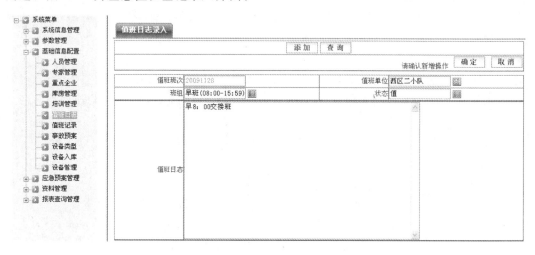

图 3.60   应急值班子系统登记录入界面

3.9.4   移动办公模块

无线、宽带、安全、融合、泛在的互联网为移动办公提供了物质基础,广大救援指战员 3A(Anyone、Anytime、Anywhere)办公日益得到普及和推广。

本是个人应用的微信可以被改造成企业微信,成为一个完全互联互通的移动办公平台,用于签到打卡、审批、任务指令、日程、公告、文档、日志管理等业务,如图 3.61 所示。

图 3.61   手机移动办公示意图

　　第 3 章详细说明了传统意义上的矿山应急救援平台技术方案,作者也与陕西陕煤澄合矿业有限公司救援大队、陕西陕煤彬长矿业有限公司救援中心、陕西陕煤蒲白矿业有限公司救护消防大队以及中原油田救援消防支队等单位合作,进行了应急救援平台的应用实践。由于数据存放于矿务局级的信息中心,系统存在着诸如相互独立、共享困难,订制开发、重复投资、维护成本高等不足,无法从战略高度利用大数据进行决策服务。近些年,随着无线、宽带、安全、融合、泛在的互联网技术的飞速发展,建设信息共享、互联互通、统一指挥、协调应急的矿山应急救援平台成为可能。本章研究将移动通信、互联网、物联网、云计算、大数据、数据挖掘、人工智能、虚拟现实等先进技术应用于应急救援,在共享虚拟服务器的基础上,给每一个管理部门、每一个救援队、每一个救援队员分配唯一的登录名、登录密码和权限,在服务器上运行应急救援业务系统和应急救援资源数据库。业务系统涵盖办公、值班、接警、出警、学习、训练、考核、考试、救援等内容;数据库涵盖队伍、人员、装备、设备、服务企业、文档资料、网站等内容。

4.1　云计算技术

4.1.1　云计算技术概述

　　云计算(Cloud Computing)狭义上指的是厂商通过分布式计算和虚拟化技术搭建数据中心或超级计算机,以免费或按需租用方式向技术开发者或者企业客户提供数据存储、分析以及科学计算等服务。广义上,云计算指厂商通过建立网络服务器集群,向各种不同类型客户提供在线软件服务、硬件租借、数据存储、计算分析等不同类型的服务。云计算在本质上类似一个操作系统,管理着一个“可扩展的网络超级计算机”。这个操作系统通过一些技术将大量分布于各地的计算机通过网络连接起来,使之在逻辑上以整体的形式呈现。在不同的应用需求出现时,系统可快速调动各种软、硬件资源协同工作,完成计算、存储和沟通任务,而用户无需关注实现细节。云计算涵盖云计算平台和云计算服务两个概念,二者关系如同底层基础和上层建筑。通过搭建平台,可以将大量计算机资源集中起来,协同工作,对上层服务的运行进行支撑。而服务的丰富和扩展,又对底层平台提出不断发展的要求。

4.1.2　虚拟化技术

虚拟化是为某些对象创造的虚拟化(相对于真实)版本,比如操作系统、计算机系统、存储设备和网络资源等。虚拟化技术将应用程序以及数据,在不同的层次以不同的面貌加以展现,从而使得不同层次的使用者、开发及维持人员,能够方便地使用、开发及维护存储的数据、应用于计算和管理的程序(例如,一台计算机可以同时运行 Linux 和 Microsoft Windows)。虚拟技术可以分为 CPU 级、硬件层级和操作系统级三个层次。

4.1.3　分布式数据库

分布式数据库(Distributed Database,DDB)是数据库技术与网络技术相结合的产物,是一群分布在计算机网络上,逻辑上相互关联的数据库,即对用户而言,是单个逻辑数据库,在物理上则是分别存储在不同的物理节点上的多个单元。一个应用程序通过网络的连接可以访问分布在不同地理位置的数据库。它具有物理分布性、逻辑整体性、场地自治性和场地之间协作性的特点。

4.1.4　数据库复制和备份

数据库复制和备份技术提供了基于逻辑的交易复制方式,通过直接捕获源数据库的交易,将数据库的改变逻辑复制到目标系统数据库中,实现源系统和目标系统数据的一致性。这种实时数据复制技术通过数据库自身的信息获取源系统上的改变并传送给目的系统,不会对生产系统造成性能影响。源数据库系统和目的数据库系统可异构,主要包括索引规则和存储参数(如数据块大小、回滚段等),因此可以在目标数据库上根据业务特点进行调整和优化,完全不受源系统的限制。对陕西省国税系统核心征管的海量数据,该技术可将中心化的数据库分散为多点分布的数据库,满足实时业务在小型机上的集中,以及查询业务在多点分布数据库系统中的实现的业务需求。

4.2　基于云计算的应急救援平台

4.2.1　云平台构建

云计算平台构建主要包括三个方面的内容(如图 4.1 所示):底层(IAAS层),用以整合硬件资源(包括计算机、服务器、存储、网络设施)并将其虚拟化,进而为平台提供基础设施服务;中间层(PAAS层),即平台资源层,针对各类开发平台资源提供通用平台服务,是整个云平台体系的核心层,包含云计算系统中的资源管理、部署、分配、监控管理、分布式并发控制、安全管理等,为应用程序开发者提供并行开发环境、应用程序运行、存储、维护以及 API

接口；上层(SAAS层)，为整个系统提供 Web 应用服务，所有的应用程序均在此层提供服务。应急救援平台支持 SaaS 模式，即直接面向最终用户。

图 4.1 云平台的构建内容

计算模式经过几十年的发展，已经从单机模式变成服务模式，云平台支持各种终端的接入来访问同一服务，如 PC、智能手机、平板电脑、嵌入式系统等。云计算服务为用户提供弹性服务、按需服务和异构服务。

4.2.2 基于云计算的矿山应急救援平台体系结构

有别于 2.2 节介绍的传统意义上的矿山应急救援平台体系结构(参考图 2.3)，基于移动通信、互联网、物联网、大数据、云计算等先进技术的平台体系结构是面向服务的体系结构(Service-Oriented Architecture，SOA)，分为设备层、感知层、服务层和应用层，如图 4.2 所示。它将应用程序的不同功能单元(服务)通过这些服务之间定义良好的接口和契约联系起来。接口是采用中立的方式进行定义的，独立于实现服务的硬件平台、操作系统和编程语言。这使得构建在各种各样的系统中的服务可以使用统一和通用的方式进行交互。

(1) 设备层：平台的信息感知来源，这一层包含各种传感器(如瓦斯浓度传感器、温湿度传感器、RFID 卡、二维码等)、传感网(如 GPRS/GSM 短信通信模块、ZigBee 网、6LoWPAN 网)。设备层没有统一的标准，根据需要配合感知层搜集平台所需信息。

(2) 感知层：感知层由一系列的前置服务器组成，前置服务器是软件，即一台物理服务器上可以部署多个前置服务器，一个前置服务器也可以部署在多个物理服务器上。感知层负责将设备层的信息搜集、整理到平台，由于设备千差万别，产生的数据也各异，因此感知层必须能支持成千上万个设备的接入。

(3) 服务层：服务层是平台的核心、平台的信息中心。感知层将信息搜集到服务层，同时服务层为应用层提供信息。服务层包括消息总线、SOA 服务器、数据库服务器。由于系统支持分布式计算，计算单元之间的通信不能采用传统的面向过程、面向对象的通信方式，需要引入消息总线以支持计算单元之间的通信。SOA 是一种粗粒度、松耦合服务架构，服务之间通过简单、精确定义接口进行通讯，不涉及底层编程接口和通讯模型。采用 SOA 服务器后，平台有以下优点：多语言支持(C/C++、Java、C♯等)、松耦合(界面与平台分离)、易扩展(服务即插即用)、动态发现(远程节点服务按需切换，零配置)、可管理(服务管理器、服

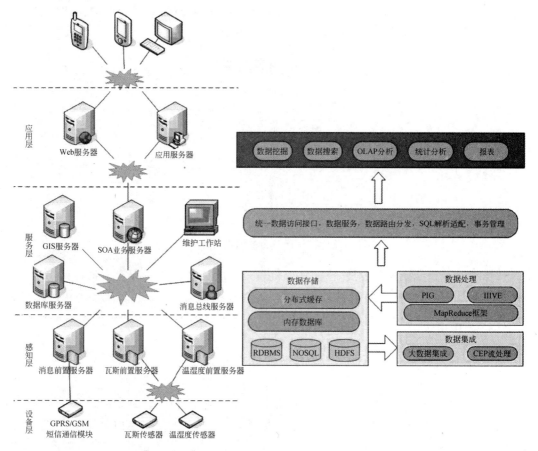

图 4.2　基于云计算的矿山应急救援平台体系结构

务容器、服务组件、服务配置)。

(4) 应用层:基于服务层提供的服务为用户提供各种应用,如 Web 应用、桌面应用、智能手机应用,即同一个平台支持各种设备终端的接入。

第 4 章基于云计算的应急救援平台在共享虚拟服务器的基础上,实现了应急救援资源的信息共享与互联互通,建立一个统一指挥、协调应急的平台成为可能。但是,因为缺少危险源数据,无法实现事故灾害的预警预报。本章尝试将各煤矿调度中心服务器、救援队指挥中心服务器等虚拟化,使其 CPU、内存、磁盘等物理资源抽象成可以动态管理的逻辑资源池,力图建设由若干服务器主机集群组成的矿山应急救援私有云,运用数据挖掘技术从海量的危险源数据中迅速挖掘危险源信息,真正实现事故灾害的预警预报。

5.1 应急救援私有云的构建

5.1.1 矿山应急救援私有云的构建

构建矿山应急救援私有云平台主要包括三个方面的内容:底层(IAAS 层),用以整合各矿山调度中心、救援队指挥中心的硬件资源(包括计算机、服务器、存储、网络设施),并将其虚拟化为平台提供基础设施服务;中间层(PAAS 层),即平台资源层,针对各类开发平台资源提供通用平台服务,是整个云平台体系的核心层,包含云计算系统中的资源管理、部署、分配、监控管理、分布式并发控制、安全管理等,为应用程序开发者提供并行开发环境、应用程序运行、存储、维护以及 API 接口;上层(SAAS 层),为矿山安全生产事故应急预报预警平台,为整个系统提供 Web 应用服务,所有的应用程序均在此层提供服务(参考图 4.1)。各煤矿调度中心服务器、救援队指挥中心服务器采用虚拟化技术,将其 CPU、内存、硬盘等物理资源抽象成可以动态管理的逻辑资源池,建设由若干服务器主机集群组成的整体矿山应急救援私有云平台。

5.1.2 基于虚拟化技术的分布式数据库

基于虚拟化技术的分布式数据库由平台中心数据库、各矿山数据库、各救援队数据库组成,查询数据库采用浏览器层-转发层-应用层-数据层四层架构,如图 5.1 所示,通过矿山应急救援云平台搭建分布式数据库,各矿山调度中心、救援队指挥中心的服务器和中心数据库采用一致的、规约的数据格式实现数据的共享和交换,同时通过云平台构建中心数据库的灾备存储,以防止数据丢失。数据库又通过 API 以 Web Service 的形式提供给开发人员,面向第三方开发人员,为开发更多预报预警应用提供数据支持。

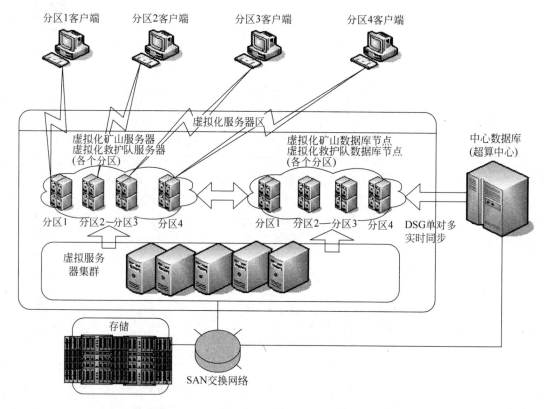

图 5.1　矿山应急救援私有云平台分布式数据库架构

5.1.3　基于云计算服务器虚拟化分布式数据库的矿山应急救援平台

各矿山数据库、救援队终端信息数据库交互共享,形成统一的中心数据库,避免信息孤岛现象,同时平台也向外界提供共享中心数据库的接口,各矿山数据库、各救援队数据库与中心数据库能够互联互通;运用数据挖掘技术从海量的终端信息中迅速挖掘危险源信息,合成信息池发往分析系统,解决以往速度慢的问题;通过开放的云平台强大的计算分析能力,支撑各参与方的数据调用、模型调试和应用开发,高效对接全社会的智力、数据、技术和计算资源,依托平台实现资源共享,对事故预报预警分析模型不断建立对比分析,能更加快速准确地对信息进行分析,如图 5.2 所示。

数据挖掘由数据规约、数据变换、数据分析算法组成,通过数学模型、经验公式、模糊算法、遗传算法等方法对来自终端设备的海量数据信息进行处理,实现从数据仓库获取对于矿山安全生产预报预警有用信息,并进行整合以备分析系统使用。

预警预报分析由 HADOOP 分析系统、专家预报预警模型、仿真模型组成。通过基于

HADOOP 的 MAP/REDUCE 算法实现高效的并行数据分析,由分析系统分析第二部分数据挖掘系统得来的数据,通过仿真模型进一步分析推演可能出现的情况,并对现有的专家预报预警模板进行自适应的匹配和新增,从而实现自主分析预报预警及预报预警结果发布的功能。

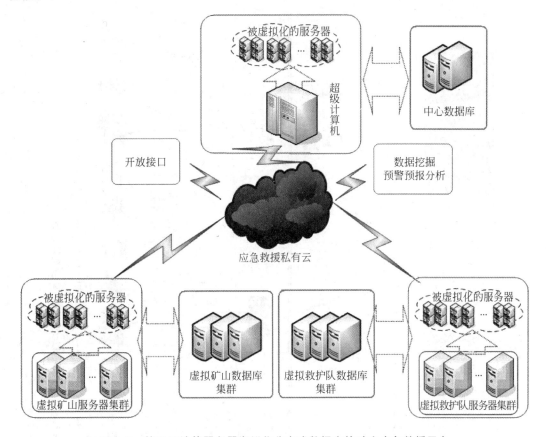

图 5.2 基于云计算服务器虚拟化分布式数据库的矿山应急救援平台

5.2 数据挖掘与矿山事故灾害预警预报

5.2.1 煤矿安全监测接入子系统

煤矿安全监控系统是一个基于 1000/100MB 冗余工业以太网的全矿井自动化监控软件平台,如图 5.3 所示,系统通过整合矿井的各项自动化控制系统,实现全矿井通风、安全、排水、供电、数字图像等主要安全生产环节和装备运行状况的实时监测和集中、远程控制,有效地提高矿井生产自动化和管理现代化水平,实现全矿井的统一管理与数据共享。

矿山应急救援平台采用 C/S+B/S 的数据访问方式实现数据的实时监测,形成煤矿安全监测子系统。我国矿山企业点多面广,数量众多。截至 2014 年底,全国有煤矿 10321 处、非煤矿山 63433 座。如果矿山应急救援平台能够得到全国 1 万多处煤矿的危险源数据,那么平台必然会进入大数据时代。

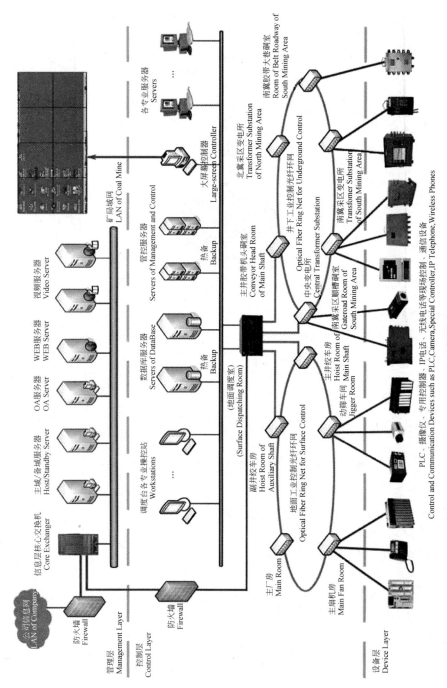

图 5.3　基于工业以太网的煤矿安全监控系统

所谓大数据并非一个确切的概念。最初是指需要处理的信息量过大,已经超出了一般电脑在处理数据时所能使用的内存量。如果没有新的数据处理工具诞生,矿山应急救援平台会被数据淹没。据统计,人类存储信息量的增长速度比世界经济的增长速度快四倍,而计算机数据处理能力的增长速度则比世界经济的增长速度快九倍。

其他行业也面临同样的情况:谷歌公司每天要处理超过 24PB① 的数据;Facebook 每天更新的照片量超过 1000 万张,每天人们在网站上点击"Like"的按钮或者写评论大约有 30 亿次;YouTube 每月接待多达 8 亿的访客,平均每一秒钟就会有一段长度在一小时以上的视频上传;Twitter 每天都会发布超过 4 亿条微博。

大数据带给我们三个重大的思维转变。首先,要分析与某事物相关的所有数据,而不是仅仅分析少量的数据样本;其次,接收数据的纷繁复杂,而不再追求精确性;最后,不再探求事物难以捉摸的因果关系,转而关注事物的相关关系。

煤矿安全监测子系统获得了大量危险源数据,需要将这些数据转换成有用的信息和知识。解决工具包括云计算和数据挖掘。

5.2.2 基于云计算的矿山事故灾害预警预报系统

1. 基础设施服务——云平台搭建

在基于云计算的矿山事故灾害预警预报系统中,必须要将现有的煤炭企业 IT 资源进行整合并逐步搭建虚拟化云平台,才能完成 IT 构架的转变进而构建整个预报预警系统。

云平台的服务模型如图 5.4 所示,该系统云平台的搭建分为三部分:

(1)基础设施层:基础设施层用以整合各矿山调度中心、救援队指挥中心的硬件资源(包括计算机、服务器、存储、网络设施),并将其虚拟化为平台提供基础设施服务。

(2)平台及服务层:即平台资源层,在系统中能够对煤炭企业中存在的各类业务进行整合,具体可以归类为应用服务器、业务能力接入、业务引擎、业务开放平台,针对各类开发平台资源提供通用平台服务,是整个云平台体系的核心层,包含云计算系统中的资源管理、部署、分配、监控管理、分布式并发控制、安全管理等,为应用程序开发者提供并行开发环境,应用程序运行、存储、维护以及 API 接口。

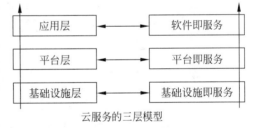

云服务的三层模型

图 5.4 云计算三层服务图

(3)应用层:应用层为矿山安全生产事故应急预报预警平台,为整个系统提供 Web 应用服务,所有的应用程序均在此层提供服务。

---

① 1PB(拍字节,千万亿字节)＝1024TB＝2^{50} B;1EB(艾字节)＝1024PB＝2^{60} B;1ZB(泽字节)＝1024EB＝2^{70} B;1YB(尧字节)＝1024ZB＝2^{80} B。

2. 数据共享交换平台搭建

数据共享交换平台是预报预警系统中的核心部分,设计数据共享交换平台是为了确保煤炭企业内部各个应用之间数据交互以及对外体统数据保持统一性。煤炭企业内部的各个应用数据库通过国家标准、企业标准、行业标准、自定义标准进行数据规范,系统通过对数据处理将数据归置于主体库、基础库、历史库、共享库,通过联机分析(OLAP)向决策人员提供服务。数据共享中心是一个面向应用、安全可靠、操作便捷、技术先进、规范统一、灵活可扩的系统。它服务于煤炭企业的运输、管理、安防、财务等各个方面。通过多种方式满足企业员工、管理人员和领导等用户的访问和应用,如图5.5所示。

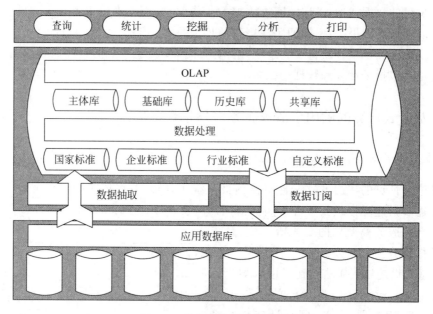

图5.5　数据共享平台架构图

该共享交换平台使得各矿山数据库、救援队终端信息数据库进行交互,形成统一的中心数据库,避免信息孤岛现象,为各个煤炭企业数据共享和交换提供标准统一的、信息准确的平台,并支持各类异构系统。

3. 数据挖掘和预报预警系统的搭建

预测,是大数据的核心,也是云计算的价值所在。

云服务平台和数据共享交换平台是系统改进的基础工作,其目的是改变现有的 IT 环境,为数据挖掘预报预警系统的构建准备好运行环境。

数据挖掘和预报预警系统的构架如图5.6所示,其中分布式数据挖掘引擎管理本机上同时运行的多个计算任务,协调资源分配,以达到综合利用资源、均衡负载的目的。分布式挖掘运行独立的数据挖掘程序,负责对切分好的最小单元任务进行处理,这是挖掘系统最小的挖掘单元。分布式数据挖掘管理引擎提供对数据挖掘应用的 API,同时负责对整个数据挖掘任务的调度管理。分布式数据挖掘算法库提供对数据挖掘常用的基本挖掘算法。

系统可以通过分布式挖掘独立运行数据挖掘程序,所采用的算法可以源自分布式数据

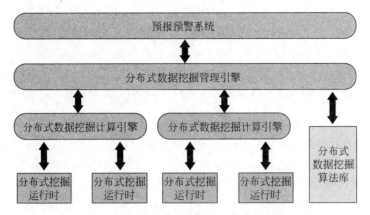

图 5.6 数据挖掘预报预警系统构架图

挖掘算法库,也可以后期进行人为算法添加,通过分布式数据挖掘计算引擎管理进行的挖掘任务,数据挖掘系统完成工作后,将数据提交给预报预警系统分析。

预警需要大量经验公式和数学计算,通过比较静态、动态分析方法,对数据进行统计分析,利用计量回归进行纵向与横向的比较,总结危险源预警经验。

预报包括前处理、计算分析和后处理三个步骤:第一步进行危险源的建模和事故的建模;第二步进行危险源的预警求解过程以及救灾案例推理和规则推理,需要占用大量的CPU、内存资源以及存储空间;第三步是后处理过程,对预警计算结果和预案进行处理分析,对三维 GIS 事故现场、GPS 地图、救灾过程影像等进行可视化的渲染。

数据挖掘指从大量的数据中通过算法搜索隐藏于其中信息的过程,它基于数据库理论、机器学习、人工智能、现代统计学,是一门迅速发展的交叉学科,在很多领域中都有应用。数据挖掘涉及的很多算法,有源于机器学习的神经网络、决策树,也有基于统计学习理论的支持向量机、分类回归树和关联分析的诸多算法。

运用数据挖掘技术从海量的危险源数据中迅速挖掘危险源信息,真正实现事故灾害的预警预报还有很长的路要走。

参 考 文 献

［1］ 中华人民共和国安全生产法,2014.

［2］ 国家安全生产监督管理总局,国家煤矿安全监察局.煤矿安全规程［M］.北京：煤炭工业出版社,2011.

［3］ 国家安全生产监督管理总局.矿山救援规程［M］.北京：煤炭工业出版社,2008.

［4］ 国家安全生产监督管理总局.矿山救援队质量标准化考核规范［M］.北京：煤炭工业出版社,2008.

［5］ 国家安全生产应急救援指挥中心.矿山医疗救护［M］.北京：煤炭工业出版社,2009.

［6］ 国家安全生产监督管理总局.安全生产"十二五"规划.

［7］ 国家安全生产监督管理总局.安全生产应急管理"十二五"规划(安监总应急〔2011〕186 号).

［8］ 国家安全生产监督管理总局.国家安全生产信息化"十二五"专项规划.

［9］ 国家安全生产应急救援指挥中心.安全生产应急平台信息资源分类与编码标准,2012.

［10］ 国家安全生产应急救援指挥中心.安全生产应急平台信息交换与共享技术规范,2012.

［11］ 门红,宋朝阳.矿山应急救援队应急平台体系建设现状与发展方向［C］.见：中国煤矿应急救援现状分析.北京：煤炭工业出版社,2013.

［12］ 李文峰,李淑颖,代新冠等.安全生产应急平台的建设与实践［C］.见：中国煤矿应急救援基础研究.北京：煤炭工业出版社,2014.

［13］ 肖文儒.我国矿山应急救援工作现状及发展规划［C］.见：矿山救护队训练与管理研究.北京：煤炭工业出版社,2015.

［14］ 邱雁.浅析我国专兼职矿山应急救援队伍的现状及发展［C］.见：矿山救护队训练与管理研究.北京：煤炭工业出版社,2015.

［15］ 于雷,胡雪坤.国外应急救援体系研究［C］.见：矿山救护队训练与管理研究.北京：煤炭工业出版社,2015.

［16］ 刘晓婷.国内外矿山应急救援体系的对比分析及启示［C］.见：矿山救护队训练与管理研究.北京：煤炭工业出版社,2015.

［17］ 维克托·迈尔·舍恩伯格,肯尼斯·库克耶.大数据时代［M］.盛杨燕,周涛.杭州：浙江人民出版社,2013.